电路分析基础实验

主　编　霍丽华

编　委　（以姓氏拼音为序）

曹芸茜　郝　磊　侯　威

王　博　张聪玲

HEUP 哈爾濱工程大學出版社

图书在版编目(CIP)数据

电路分析基础实验/霍丽华主编. —哈尔滨: 哈尔滨工程大学出版社, 2015.7(2017.1 重印)
ISBN 978-7-5661-1102-9

Ⅰ.电… Ⅱ.霍… Ⅲ.电路分析-实验 Ⅳ.TM133-33

中国版本图书馆 CIP 数据核字(2015)第 176289 号

出版发行 哈尔滨工程大学出版社
地　　址 哈尔滨市南岗区东大直街 124 号
邮政编码 150001
发行电话 0451-82519328
传　　真 0451-82519699
经　　销 新华书店
印　　刷 哈尔滨工业大学印刷厂
开　　本 787 mm×960 mm 1/16
印　　张 12.5
字　　数 250 千字
版　　次 2015 年 8 月第 1 版
印　　次 2017 年 1 月第 2 次印刷
定　　价 26.00 元
http://www.hrbeupress.com
E-mail:heupress@hrbeu.edu.cn

前　言

本教材是为高等理工科院校而编写的，适用于本科电类专业的实验教学。在学习电路分析理论课程之后所进行的实验教学，指导教师与学生可根据理论教学内容任意选用。

本教材的目的是通过实验帮助学生获得直接的感性知识，巩固和掌握所学的理论内容；通过实验，培养学生的实验技能，掌握实验的基本原则和方法，提高实际操作水平，积累实践经验，从而逐步提高故障诊断和排除故障的能力，使学生能够独立的分析问题和解决问题。

通过本教材使学生能够基本掌握常用的电工仪表的正确使用、基本电量的测试方法、实验现象的观察分析方法、数据分析处理的理论和基本方法，并学会编写实验报告，掌握数据处理、分析结果、编写实验过程，培养学生严肃认真、实事求是的科学作用，为今后学习专业知识打下良好的基础。

本书共分三编，第一编主要介绍电测量的基本知识、电测量指示仪表的知识、常用仪器仪表的使用和常用元器件的介绍。第二编主要介绍电路实验，共 15 个实验，每个实验都给出明确的实验目的和要求，给出实验原理和实验步骤的说明，实验内容由浅入深，由易到难，使学生的学习有一个循序渐进的过程；同时，每个实验都设有思考题，用以开阔学生思路，培养学生独立思考和创新的精神。第三编主要介绍本实验中心引进的开放式虚拟仿真实验平台的使用，使学生能够利用实验平台来辅助实验课程的学习，实验平台的最大特点是学生可以用实物的形式来搭建虚拟仿真实验电路，而不是只认识电路符号；实验平台的使用，很方便地用于实验的预习教师课堂教学的组织和实验课后学生的扩展学习。

本书是中国民航大学基础实验中心的老师在多年实验教学的基础上共同编写完成的，由霍丽华主编，曹芸茜、侯威、郝磊、王博、张聪玲等参与编写。

由于编者水平有限，书中难免存在不足之处，敬请读者批评指正，多提宝贵意见。

编　者

2015 年 6 月

目　　录

第三编 虚拟仿真实验

绪　论

实验教学课是高等教育的一个重要教学环节，是理论联系实际的重要手段。理论教学和实验教学是对同一学科进行学习、研究的两种重要的教学环节，两者任务一致，只是教学手段不同而已；前者是通过理论分析和科学计算对教学内容进行学习和研究；后者则是通过科学实验和测试技术对教学内容进行学习和研究。二者相辅相成。

电路分析基础实验是电路分析基础课程教学中不可缺少的实践环节，目的首先是通过实验帮助学生获得必要的感性知识，进一步巩固和掌握所学的理论内容；其次通过实验培养学生实验的技能，提高实际动手操作的能力，锻炼学生独立分析问题和解决问题的能力；通过实验了解常用电工仪表的测量与使用方法；通过预习与实验操作，掌握数据处理、分析结果、编写实验报告的过程，培养学生严肃认真，实事求是的科学作风；通过自己设计电路，掌握简单的电子电路设计的方法，为后续电类专业的实验实践课的学习奠定基础。

本实验指导书结合教学内容，编写了包括直流电路、交流电路、电感电路和三相电路在内的共 15 个实验，每个实验在实验内容后均提出了实验报告的要求和供学生考虑的思考题，以帮助学生更好地分析和总结相关的实验和理论知识，提高对相关实验内容，包括仪器仪表使用、实验手段的认识。

一、本课程的任务

本课程的任务是通过实验教学，使学生掌握电气测量仪器的正确使用方法；在实验中掌握如何合理选用测量仪器（种类、准确度和量程等）和测量方法，能应用理论做指导来分析实验结果，判定实验是否成功。通过编写实验报告，培养综合数据的能力、文字组织的能力和处理实验结果的能力（如实验数据的误差分析等）。

二、实验要求

实验前要学习好相关理论知识，在实验中学会正确地使用电气测量仪表及设备，能独立完成实验接线、测试，正确选择测量仪器，能准确地读取、整理和分析实验数据，能写出完整的实验报告，在实验中掌握安全用电知识。

（一）实验须知

1. 实验前必须认真地预习实验教材，明确实验目的、内容及实验步骤和方法，并做好实验数据记录表格等一切准备工作,完成预习报告。教师对实验预习情况进行抽查,不合格者不得参加本次实验。

2. 从准备接线到送电前要做好的工作

(1)注意设备容量、参数是否合适,工作电源电压不能超过额定值。

(2)合理布线的原则:安全、方便、整齐、防止相互影响。

(3)正确接线的原则

①根据实验电路的特点,选择合理的接线步骤,一般是"先串后并","先分后合",或"先主后辅"。

②接线前先搞清楚电路图上的节点和实验电路中各元件接头的对应关系。

③养成良好的接线习惯,导线的长短粗细要合适,防止接线短路,接线点不宜过于集中于某一点,电表接头上非不得已不接两根导线,接线松紧要适中。

④接线完毕后,必须认真检查,经指导教师检查同意后,方可接通电源进行实验。在改接线路之前,必须切断电源,不得带电操作。遵守"先接线后合电源,先断电源后拆线"的操作程序。

3. 每做完一个实验,都要分析检查实验结果是否符合要求,有的要简单勾画曲线形状或趋势,检查实验结果的合理性,然后再请教师审查,教师同意后方可拆线;将所有仪器放回原处,才能离开实验室。

4. 必须严格遵守实验室的一切规章制度。

5. 处理故障的一般步骤

实验所用电源一般是可调的,实验时电压应从零缓慢上升,同时注意仪器仪表指示是否正常,有无声响、冒烟、焦臭味及设备发烫等异常现象。一旦发生上述之一异常现象,应立即切断电源,报告指导教师,共同分析故障发生的原因。

查找和处理故障的一般步骤:

(1)若电路出现短路或其他可能损坏设备的故障时,应立即切断电源查找故障。不属上述情况可用电压表带电检查,一般首先检查接线是否正确。

(2)根据出现故障的现象和电路的结构判断故障发生的原因,确定可能发生故障的范围。

(3)逐步缩小故障范围,常用三种方法检查故障点。

①电压法　带电(或降低电源电压)用万用表的电压挡测量可能产生故障的各部分电压。根据电压的大小和有无,判断电路的故障点。

②欧姆法　断开电源,用万用表的欧姆挡检查各支路是否连通,元件是否良好。

③信号追踪法　利用示波器,当引入适当频率和振幅的信号加入输入端时,从信号的输入端开始,逐一观测各元器件、各支路是否有正常的波形和振幅,以追踪反常现象,找出故障所在。

6. 操作时要做到手合电源，眼观全局，先看现象，再读数据。

（二）使用仪表

1. 正确地选择仪表的种类、量程，尽量减小测量仪表对被测电路工作状态的影响。

2. 注意仪器、仪表显示上的符号，弄清楚被测物理量是什么，正确使用仪器、仪表，以免损坏。

3. 读数前要弄清仪器、仪表的量程，读数要正确，合理取舍有效数字（最后一位为估算数字）。

（三）实验报告

实验报告是实验工作的总结，它是在整理、分析和计算实验数据的基础上，将实验结果完整和真实地表达出来。实验报告要简明扼要、文理通顺、字迹端正、图表清晰、结论正确、分析合理、讨论深入。实验报告一般包括：

1. 实验名称；

2. 实验目的；

3. 实验电路图，在图中标明各元器件的参数值和各电量的正方向；

4. 实验数据及计算结果；

5. 曲线与图表；

6. 实验结果的分析处理（包括结论、体会与意见）；

7. 回答问题。

第一编　电气测量的基本知识

正确使用电气测量仪器是正确测量的前提。首先必须了解仪器的分类、工作原理和使用方法。在此基础上,根据实验内容,恰当地选择实验仪器(包括仪器的种类、量程、准确度等级等)。测量方法直接关系到测量结果的正确与误差问题。掌握测量方法,了解仪表误差和测量误差,才能正确处理实验结果。

第一章　电气测量的基本知识

第一节　测量仪器的测量方法的分类

电气测量仪器主要指电工测量仪器和电子测量仪器,以及非电量电测仪器。电工测量仪器分为直读指示仪器和比较仪器两种。直读仪器如交直流电流表、电压表、功率表、万用表,多是电测量指示仪表,这种仪表的特点是通过可动部分的指针在标尺上的位置直接读出被测量的值。比较仪器用于比较测量,包括各类交直流电桥,交直流补偿式的测量仪器。电子测量仪器主要有示波器、电子管或晶体管电压表、晶体管参数测试仪、晶体管特性曲线测试仪、信号发生器、直流稳压电源、频率计和Q表等。

对于同一电量,可以用不同的方法测量。选择测量方法的依据是被测量的特性、测量条件以及对准确度的要求等。测量方法可以根据获得测量结果的过程或所用测量设备进行分类。

一、按获得测量结果的过程分类

1. 直接测量法

被测量可直接从仪器的度盘上读出,称为直接测量法。属于直接测量法的有电流表测电流、电桥测电阻等。

2. 间接测量法

间接测量法是通过直接测量得到几个资料(这些资料并不是最终所求的结果),

利用所测资料,按一定的关系式求出最终结果。

例如,伏安法测电阻是根据测量的电流和电压值,利用欧姆定律确定出电阻值。

间接测量法常用于被测量不能直接测量、直接测量较复杂或直接测量的结果不如间接测量的结果准确等情况。

3. 比较测量法

比较测量法是将作用于任何系统的被测量,同作用于同一系统的其他已知量相比较。如用示波器根据李沙育图形测量频率等。

二、按测量仪器设备分类

1. 直接测量

这种方式是根据仪表的读数确定被测量的值。这时所用的测量仪表已按被测量的单位预先刻好分度,能直接读出被测量的大小。如用电流表测电流,用伏安法测电阻等。

这种测量方式具有设备简单、操作方便、节省时间等优点,因而应用广泛。其缺点是测量准确度常受仪表准确度的限制而不够高。

2. 比较测量

这种方式是把被测量和度量器(如标准电池、标准电阻、标准电容等)相比较来决定其大小的。如用直流电位差计测量电压或电阻等。

这种测量方式的准确度高,灵敏度高,但测量费时,操作麻烦,对设备的要求高。

第二节　电气测量指示仪表的误差及准确度

用任何仪器仪表对某一被测量进行有限次的测量都不能求得测量的真值,仪器仪表的读数与真值之间总存在着一定的差值,这个差值称为误差。

仪表准确度表示仪表的读数与被测量的真值相符合的程度。误差越小,准确度越高。

一、仪表误差的分类

根据引起误差的原因,可将误差分为基本误差和附加误差两种。

1. 基本误差

仪表在规定的条件下(即在规定的温度、湿度、规定的放置方式,仪表指针调整到机械零位,除地磁外,没有外来电磁场干扰等条件),由于内部结构和制造工艺的限制,仪表本身所固有的误差,例如摩擦误差,标尺刻度不准,轴承与轴尖间隙造成的倾斜误差等都能产生基本误差。

2. 附加误差

仪表偏离其规定的正常工作条件产生的除上述基本误差外的误差称为附加误差。如温度过高,波形非正弦,频率过高或过低,外电场或外磁场的影响所引起的误差都属于附加误差。为此,仪表离开规定的工作条件形成的总误差中,除了基本误差之外,还包含有附加误差。

二、误差的表示方法

1. 绝对误差

测量值A_x与被测量真值A_0之差称为绝对误差Δ,即

$$\Delta = A_x - A_0$$

例 1-1 用一电压表测量电压,其读数为 97 V,而标准表的读数(视为真值)为 100 V,求绝对误差。

解 由上式得

$$\Delta = A_x - A_0 = 97 - 100 = -3\ \text{V}$$

可见,绝对误差的单位与被测量的单位相同,绝对误差的符号有正负之分,用绝对误差表示仪表误差的大小比较直观。

2. 相对误差

相对误差是绝对误差Δ与被测量的真值A_0之比,通常用百分数表示,即

$$\gamma = \frac{\Delta}{A_0} \times 100\%$$

因为A_0难以测得,且A_x与A_0相差不大,有时用A_x代替A_0,则

$$\gamma = \frac{\Delta}{A_x} \times 100\%$$

例 1-2 用两块电压表测量两个电压,一个电压的测量值为 100 V,绝对误差为 +1 V,另一个的测量值为 10 V,绝对误差为 0.5 V。求两次测量结果的相对误差。

解

$$\gamma_1 = \frac{\Delta_1}{A_{x1}} \times 100\% = \frac{1}{100} \times 100\% = +1\%$$

$$\gamma_2 = \frac{\Delta_2}{A_{x2}} \times 100\% = \frac{0.5}{10} \times 100\% = +5\%$$

可见,前者的绝对误差A_{x1}比后者的绝对误差A_{x2}大,但其相对误差γ_1却比γ_2小,说明前者的测量准确度要高些。显然,相对误差便于对不同的测量结果的测量误差进行比较,所以一般都用它来表示误差。

3. 引用误差

相对误差虽然可以用来表示某测量结果的准确度,但若用来表示指示仪表的准

确度则不太合适,因为指示仪表是用来测量某一规定范围(通常称为量程)内的被测量,而不是只测量某一固定大小的被测量。当用仪表测量不同大小的被测量时,由于上式中的分母不同,相对误差便随着变化。所以用相对误差衡量仪表的性能是不方便的。

引用误差是一种简化和实用方便的相对误差,它常用仪表的基本误差与其量程之比的百分数表示,即

$$\gamma_n = \frac{\Delta}{A_m} \times 100\%$$

式中 γ_n 为仪表的引用误差;Δ 为仪表在某一刻度上的基本误差。

三、仪表的准确度

由于仪表在不同刻度上基本误差不完全相等,其值有大、小,其符号有正、负,所以用最大引用误差衡量仪表的准确度更为合适。最大引用误差是仪表在不同刻度上可能出现的最大误差 Δ_m 与仪表的量程 A_m 之比的百分数,即

$$\gamma_{nm} = \frac{\Delta_m}{A_m} \times 100\%$$

式中 γ_{nm} 为仪表的最大引用误差;Δ_m 为仪表在不同刻度上的最大基本误差。

最大引用误差愈小,则基本误差愈小,表示仪表的准确度愈高。因此,仪表的准确度决定于仪表本身在规定使用条件下的性能。

根据我国国家标准 GB 776—65《电气测量指示仪表通用技术条例》规定,按最大引用误差的不同,其准确度 a 为 0.1,0.2,0.5,1.0,1.5,2.5,5 等七个等级。现已生产出准确度为 0.05 级的仪表。准确度为 0.1 级的仪表,其最大引用误差 γ_{nm} 小于或等于 0.1%;1.0 级的仪表的 γ_{nm} 在 0.5% ~1%,但不超过 1%,依次类推。

例 1-3　用量程为 10 A,准确度为 0.5 级的电流表去测量 10 A 和 5 A 两个电流,求测量的相对误差。

解　测量 10 A 电流时所产生的最大基本误差为

$$\Delta_m = \pm a\% A_m = \pm 0.5\% \times 10 = \pm 0.05\ \text{A}$$

其最大相对误差

$$\gamma_{10} = \pm \frac{0.05}{10} = \pm 0.5\%$$

测量 5 A 电流时

$$\Delta_m = \pm 0.5\% \times 10 = \pm 0.05\ \text{A}$$

$$\gamma_5 = \pm \frac{0.05}{5} = \pm 1\%$$

由此可见:

(1)仪表的准确度直接影响测量结果的准确程度。一般来说,仪表的准确度并不就是测量结果的准确度,后者还与被测量的大小有关,二者不能混为一谈。

(2)在选择仪表时,只有考虑仪表的准确度等级,同时又选择合理的量程,才能保证获得较高的测量结果的准确度。当仪表的准确度等级确定后,所选仪表的量程越接近被测量的值,测量结果的误差越小。若量程选择不合理,其测量结果的误差可能会超过仪表的准确度等级(测 5 A 时)。

第三节　测量误差及其消除方法

不论是采用什么样的测量方式和方法,也不论采用什么样的仪器仪表,由于仪表本身不够准确,测量方法不够完善以及实验者本人经验不足,人的感觉器官不完善等等原因,都会使测量结果与被测量的真值之间存在差异,这种差异称为测量误差。测量误差可分为三类。

一、系统误差

在相同的测量条件下,多次测量同一个量时,大小和符号保持恒定或按一定规律变化的误差称为系统误差。如用质量不准的天平砝码称物质,产生恒定误差;用不准的米尺量布,布越长,误差积累越多,这些都是系统误差。

(一)产生系统误差的原因

1. 工具误差

测量时所用的装置或仪器、仪表本身的缺点引起的误差。例如用量程为 100 V 的 0.5 级电压表测 50 V 的电压时,测量误差可达到 1%,这就是工具误差。

2. 外界因素影响误差

由于没有按照技术要求的规定使用测量工具,周围环境(温度、湿度、电场、磁场等)不合乎要求引起的误差。如万用表未调零,仪器设备放置不当互相干扰,仪表放在强磁场附近等,都会产生这种误差。

3. 方法误差或理论误差

由于测量方法不完善或测量所用的理论根据不充分引起的误差。例如当用伏安法测电阻时,如果不考虑所用仪表的内阻对电路工作状态的影响,所测的电阻值中便含有方法误差。

4. 人员误差

由于测量人员的感官、技术水平、习惯等个人因素不同引起的误差。例如有人听觉不够灵敏,当他用耳机作平衡指示器,调整交流电桥平衡时,就可能产生误判断,使测量不准。

消除或尽量减小系统误差是进行准确测量的条件之一，所以在测量之前，必须预先估计一切产生系统误差的根源，采取措施减小或消除系统误差。

（二）消除系统误差的常用方法

1. 对误差加以修正

在测量之前，将测量所用量具、仪器、仪表进行检定，确定它们的修正值（实际值 = 修正值 + 测量值），把用这些仪表测量的数值加上修正值，就可以求得被测物理量的实际值（真值），消除工具误差。另外，考虑温度、湿度等环境因素对仪器仪表读数的影响，并对测量结果进行修正。也可以控制环境条件稳定，减小环境条件改变带来的误差。

2. 消除误差来源

测量之前检查所用仪器设备的调整和安装情况。例如仪表指针是否指零，仪器设备的安放是否合乎要求，是否便于操作和读数，是否互相干扰等；测量过程中，严格按规定的技术条件使用仪器，如果外界条件突然改变，则应停止测量；测量人员要保持情绪安定和精神饱满。这些都可以防止系统误差。此外让不同的测量人员对同一个量进行测量，或用不同的方法对同一个量进行测量，也有助于发现系统误差。

3. 采用特殊测量方法

（1）替代法

这种方法能消除由于测量工具不准和装置不妥善引起的系统误差。图 1-1 为替代法测量电阻 R_x 阻值的电路。

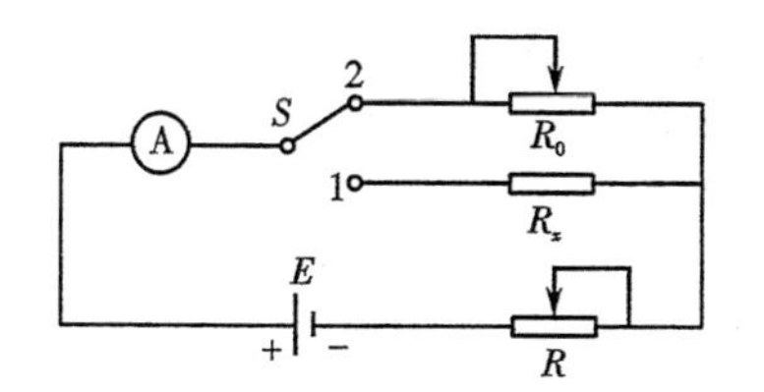

图 1-1　替代法测电阻

第一步，将 S 合到 1 位置，调节可变电阻 R，使电流表指针有一较大的偏转，记下读数。第二步，电源 E 和可变电阻 R 保持不变，将 S 合到 2 位置，用标准电阻 R_0 替代被测电阻 R_x 并调节 R_0 使电流表的读数与第一步的读数值相同，这时被测电阻值就等于标准电阻值。测量 R_x 的误差就仅取决于所用标准电阻是否准确以及电源电压是否稳定，与仪表等因素无关，消除了仪表引起的误差。

（2）正负误差补偿法

消除系统误差，还可以采用正负误差补偿法，即对同一被测量反复测量两次，并使其中一次误差为正，另一次误差为负，取其平均值，便可消除系统误差。例如为了消除外磁场对电流表读数的影响，在一次测量之后，将电流表位置调转 180°，重新测量一次，取两次测量结果的平均值，可以消除外磁场带来的系统误差。再如用电桥测量时，也可以采用这个方法消除热电势引起的系统误差。这里，可把电桥电源极性对调测量两次，取其平均值。

(3) 等时距对称观测法

图 1-2(a) 是用电位差计测量电阻的线路。图中 R_x 为被测电阻，R_n 为已知的标准电阻。开关 S 先合到左边测出 U_n

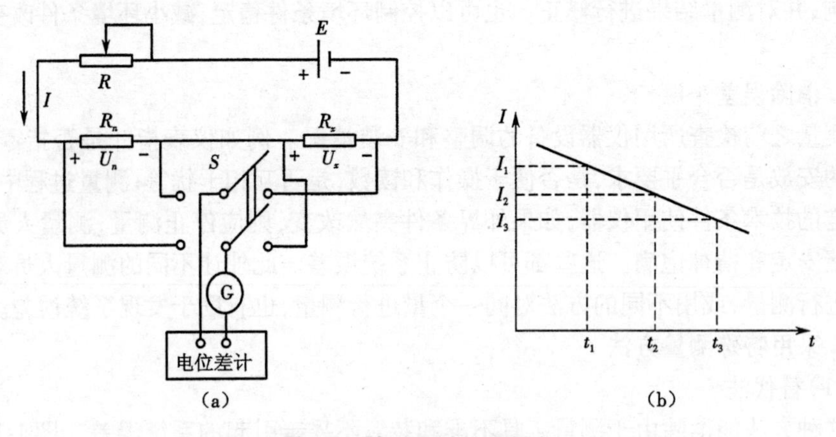

图 1-2 等时距对称观测法

(a) 电位差计测量电阻的电路；(b) 等时距观测法的图标

$$U_n = IR_n$$

再将开关 S 合到右边测出 U_x: $U_x = IR_x$

则
$$R_x = \frac{U_x}{U_n}R_n$$

如果在测量 U_x 和 U_n 的过程中，电路中的电流 I 不稳定，那么用上式计算的 R_x 就有误差。若电流 I 随时间按直线规律变化，用等时距观测法可以消除上述的误差。其测量步骤如下：

第一步，在 $t = t_1$ 时，用电位差计测出 $U_n = U_{n1}$；

第二步，在 $t_2 = t_1 + \Delta t$ 时，用电位差计测出 U_x，这时电流 I 降为 I_2；

第三步，在 $t_3 = t_2 + \Delta t$ 时，再用电位差计测出 $U_n = U_{n3}$。

因为

$$\frac{U_{n1} + U_{n2}}{2} = \frac{I_1R_n + I_3R_n}{2} = I_2R_n$$

所以

$$R_x = \frac{U_x}{\frac{1}{2}(U_{n1} + U_{n2})} R_n$$

这样算出的 R_x 消除了因电流随时间直线变化产生的系统误差。

二、偶然误差

偶然误差也叫随机误差，这是一种大小、符号都不确定的误差。这种误差是由周围环境的偶发原因引起的，因此无法消除。若只含有随机误差，进行多次重复测定，可发现随机误差符合统计学的规律性。若用 δ 表示随机误差，用 f 表示误差出现的原因，由实验可得 f 与 δ 的关系曲线如图 1-3 所示，该曲线称为随机误差的正则分布曲线。

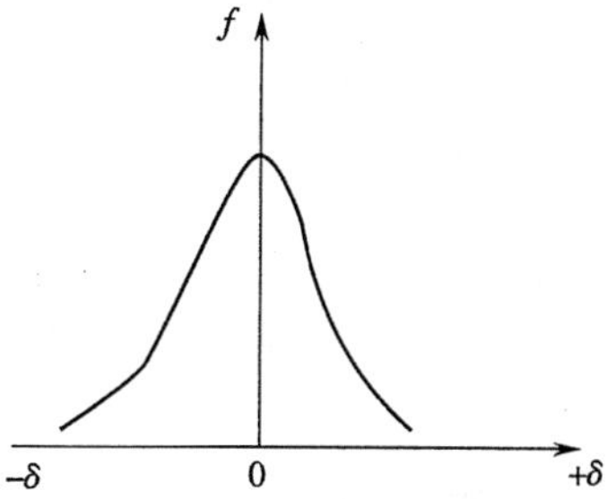

图 1-3　随机误差正则分布曲线

从误差的正则分布曲线，可得出四个特性。

1. 有界性

在一定测量条件下，随机误差的绝对值不会超过一定界限，称有界性。

2. 单峰性

绝对值小的误差出现的机会比绝对值大的误差出现的机会多，称单峰性。

3. 对称性

误差可正、可负或为零。绝对值相等的正误差与负误差出现的机会大致相等，称对称性。

4. 抵偿性

以等精度多次测量某一量时，随机误差的算术平均值随着测量次数 n 的无限增加趋于零，称抵偿性。

由于随机误差具有上述特性，所以工程上对被测量进行多次重复测量，然后用它们的算术平均值表示被测量的真值，即

$$A_0 \approx \overline{A} = \frac{1}{n}\sum_{i=1}^{n} A_i$$

式中 $\overline{A}$ 为算术平均值；n 为测量次数。

测量次数越多，$\overline{A}$ 越趋近 A_0。如果测量次数不够多，算术平均值与真值偏离较大，因此用算术平均值测量结果时，其测量精度可用标准差来表示，即

$$A_0 = \overline{A} \pm \sigma_X$$

式中 σ_X 是标准差。

根据概率论原理，所谓标准差可通过均方根差 σ 或剩余误差 $U_i = A_i - \bar{A}$（A_i 为每次测量值）求得，即

$$\sigma_x = \frac{\sigma}{\sqrt{n}} = \sqrt{\frac{U_1^2 + U_2^2 + \cdots + U_n^2}{n(n-1)}} = \sqrt{\frac{1}{n(n-1)} \sum_{i=1}^{n} (A_i - \bar{A})}$$

应该指出，用算术平均值表示测量结果，首先要消除系统误差。因为有系统误差存在时，测量次数尽管足够多，算术平均值也不能接近被测量的真值。

例如对某一电压进行了 15 次测量，求得算术平均值为 20.18，并计算得出均方根差为 0.34，标准差 $\sigma_X = \frac{0.34}{\sqrt{15}} = 0.09$，其测量结果及其评价为

$$A_0 = \bar{A} + \sigma_x = 20.18 \pm 0.09$$

在常用的电子计算器上，都设有计算算术平均值和均方根误差的按键，利用它来处理随机误差很方便。

三、疏忽误差

这是一种严重歪曲测量结果的误差，主要是由于测量者的疏忽造成的。例如读数错误、记录错误、测量时发生异常情况未予注意等所引起的误差都属于疏忽误差。

这种误差是可以避免的。万一有了这种误差，应该舍弃有关资料，重新进行实验。凡是剩余误差 U_i 大于 $|3\delta|$ 的资料都认为是包含疏忽误差的资料，应该予以剔除或者重新测量，所以在做误差分析时，要估计的误差只有系统误差和随机误差两类。

四、精度、准确度、精密度和精确度

精度一词在这里暂作为泛指性的广义名词。例如实验相对误差为 0.1%，则可笼统地说其精度为 10^{-3}。如欲进一步分清系统误差和随机误差，则“精度”一词可分为以下几种。

1. 准确度　反映系统误差大小的程度；
2. 精密度　反映随机误差大小的程度；
3. 精确度　反映系统误差和随机误差合成大小的程度。

显然，在一组测量中，精密度高的准确度不一定高，准确度高的精密度也不一定高。但精确度高的准确度与精密度都高。例如图 1-4 表示三个射手的射击成绩，阴影线处表示靶心，图(a)表示精确度好，即精密度和准确度都好；图(b)表示精密度好，但准确度不好，存在较大的系统误差；图(c)表示精密度和准确度都不好。因此，要实现精确的测量，需要消除系统误差和随机误差。

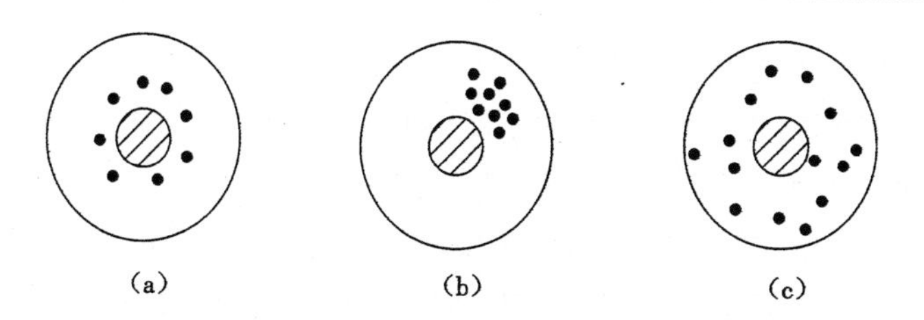

图 1-4　说明精密度和准确度的图标

第四节　测量结果的处理

一个测量结果,通常表示为数字和图形两种方式。对用数字表示的测量结果,在进行数据处理时,除了应注意有效数字的正确取舍外,还应制定出合理的数据处理方法,以减小测量过程中随机误差的影响。对用图形表示的测量结果,应考虑的问题很多,包括坐标的选择、正确的作图方法等。下面介绍有效数字的若干处理原则和作图的一般知识。

一、有效数字的处理

在测量和数字计算中,应该用几位数字表示测量或计算结果是很重要的,它涉及有效数字和计算规则的问题。

1. 有效数字的概念

在记录测量数值时,应该用几位数字表示呢?现举例说明。电压表的指针在 35 ~36 V,可记作 35.5 V,其中“35”是准确可靠的,称为可靠数字;最后一位数“5”是估计出来的不可靠数字,称为欠准数字。前两者都是测量结果不可少的,两者合称为有效数字。对于 35.5 来说,有效数字是三位。通常只允许保留一位欠准数字。

有效数字的位数不仅表达了被测量的大小,同时也表达了测量精度。有效数字位数越多,测量的精度就越高。例如电压表的指针指在 30 V 的地方,应记作 30.0 V,也有三位有效数字。

需要指出,数字“0”在数中可能是有效数字,也可能不是有效数字。例如 35.5 V 还可以写成 0.0355 kV,后者前面的两个“0”仅与所用的单位有关,不是有效数字,该数的有效数字仍为三位。对于读数末位的“0”不能任意增减,它是由测量设备的准确度决定的。

2. 有效数字的正确表示

(1)记录测量数值时,只保留一位欠准数字。通常,最后一位有效数字可能有 ±1 个单位或 ±0.5 个单位的误差。例如测量电压实际值的变化范围为 115.0 ~ 115.2 V,测量结果可以表示为 115.1 ±0.1 V。如果实际值的变化范围为 115.05 ~

115. 15 V,测量结果可以表示为 115. 1 ±0. 05 V。

(2)在所有计算式中,常数(如 π、e 等)及乘子(如$\sqrt{2}$、$1/\sqrt{2}$等)的有效数字的位数可以没有限制,在计算中需要几位就取几位。

(3)大数值与小数值都要用幂的乘积形式表示。例如测得某个电阻的阻值是一万五千欧姆,有效数字为三位,则应记为 $1.50\times10^{4}\ \Omega$,不能记为 15 000 Ω。

(4)表示误差时,一般只取用一位有效数字,最多取两位有效数字,如 ±1%, ±1.5%。

3. 有效数字的修约(化整)规则

当有效数字位数确定后,多余的有效数字应一律按四舍五入原则处理,其规则如下。

(1)被舍去的最高位数小于 5,则末位数字不变。例如把 0. 14 修约到小数点后第一位数,结果为 0. 1。

(2)被舍去的最高位数大于 5,则末位数加 1。例如把 0. 76 修约到小数点后一位,结果为 0. 8。

(3)被舍去的最高位数等于 5,而 5 之后的数不全为 0,则末位加 1。例如把 0. 4501 修约到小数点后一位,结果为 0. 5。

(4)被舍去的最高位数等于 5,而 5 之后的数全为 0,则当末位数为偶数时,末位数不变;末位数为奇数时,末位数加 1。例如把 0. 450 和 0. 550 修约到小数点后一位,结果分别为 0. 4 和 0. 6。

4. 有效数字的运算规则

进行数据处理时,常会遇到一些精确度不相等的数值运算。为了既可以提高计算速度,又不会因数字过少而影响计算结果的精确度,需要按照常用规则计算。

(1)加减运算

不同准确度的两次测量结果或多次测量结果相加减时,其和的准确度同它们中最低准确度的测量结果相同,即计算结果的小数点后的位数,一般应与各数中小数点后位数最少的相同。

例 1-4 两个电阻 R_1 和 R_2 串联连接。用惠斯登电桥测得它们的电阻值为 $R_1 = 16.5\ \Omega$, $R_2 = 5.824\ \Omega$,计算总电阻的值。

解 $R = R_1 + R_2 = 16.5 + 5.8 = 22.3\ \Omega$

为了减少计算误差,也可在修约时多保留一位小数,即

$$R = 16.5 + 5.82 = 22.32\ \Omega$$

其结果应为 22. 3 Ω。

(2)乘除运算

在乘除运算时,结果的数字位数可能增加很多,但还应保留适当的位数。有效数

字的修约取决于其中有效数字位数最少的一项。

例 1-5　在 23.41 Ω 的电阻中通过 0.12 A 的电流,计算电阻上通过 1.057 h 消耗的电能。

解　有效数字最少的是二位(0.12),则

$$W = I^2Rt = 0.12^2 \times 23 \times 1.1 = 0.364\ 32\ \mathrm{W \cdot h}$$

其结果应为 0.36 W·h

同样,为了减少计算误差,也可多保留一位有效数字,即

$$W = I^2Rt = 0.12^2 \times 23.4 \times 1.06 = 0.3\ 571\ 776\ \mathrm{W \cdot h}$$

其结果为 0.36 W·h

用电子计算器运算时,计算结果的位数同样按上述原则选取,不能因计算器上显示几位就记录几位。

二、测量结果的资料分析

由前几节分析可知,绝对精确地测量任何一个量是不可能的,但是一定要满足不同工程实际的要求。为此,首先要利用有关专业理论对实验结果进行分析,看其是否符合客观规律。然后,对实验结果进行误差分析,看其是否满足有关工程对误差的要求。其中首先要检查是否有疏忽误差,即个别资料失真太大,要剔除或重新测量。在这一前提下,按照误差理论进行分析,并计算其准确度和修正。若不满足测量准确度要求,要分析产生误差的主要原因,然后采取相应措施,或更换测量仪器重新测量,或重新考虑测量方法等。

三、测量结果的图解处理

因为测量过程中不可避免地存在着误差,因而在作图时,对坐标值的选择、坐标分度以及如何把若干离散性的测量点连成一条光滑而又能反映实际情况的曲线,是测量结果图解处理的重要内容。

通常为了便于分析,应将一组测量资料列成表格。作图的坐标最常用直角坐标,也有用极坐标或其他坐标的。在直角坐标中,线性分度是应用最多的一种,如图 1-5(a)所示。

设有两个变量为 x 和 y,其关系为 $y = f(x)$。通常把误差可忽略不计的一个量当作自变量 x,并以横坐标表示;另一个因变量 y 则以纵坐标表示。坐标的原点不一定为零,可视具体情况而定,如图 1-5(b)所示。数据点可用空心圆、三角形、实心圆、十字形、正方形等做标记,其中心应与测量数值相重合,标记的大小一般在 1 mm 左右。

由于测量中会产生误差,测量资料点不可能像图 1-5 那样全部与一条光滑曲线相重合。作图时,可以使资料点大体沿所作曲线左右两边均匀分布,如图 1-6 所示。

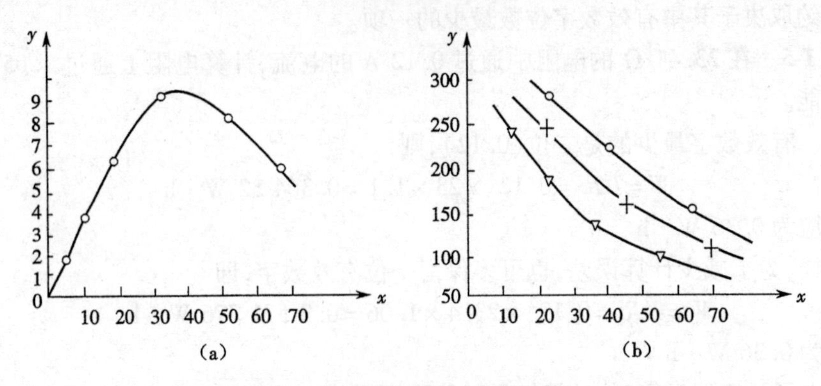

图 1-5 线性分度的直角坐标

测量点取得越多,作出的曲线越精确。实际测量点取多少根据曲线的具体形状而定,一般应使其沿曲线大体分布均匀;但此时沿横坐标(或纵坐标)看,则不一定均匀,在曲线变化很急剧的地方,测量点应适当密一些,如图 1-7 所示。

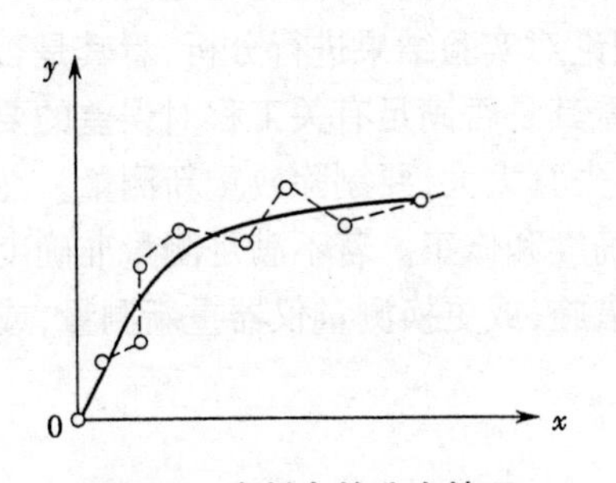

图 1-6 资料点的分布情况

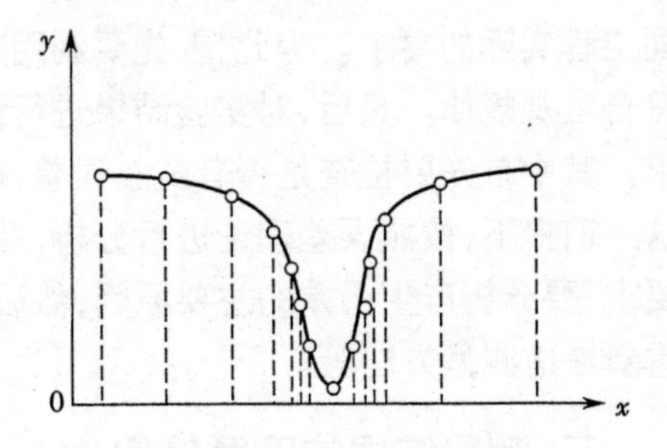

图 1-7 曲线变化急剧处的数据点分布

如果测量前对曲线形状毫无所知,则应先缓慢地调节 x 值,粗略地观察一遍 y 值变化情况,做到心中有数。对于像图 1-8 所示的那种具有滞后现象的测量对象(如磁化曲线),测量人注意每个点的先后顺序。在这种情况下,用数表列出全部原始测量资料尤为必要。

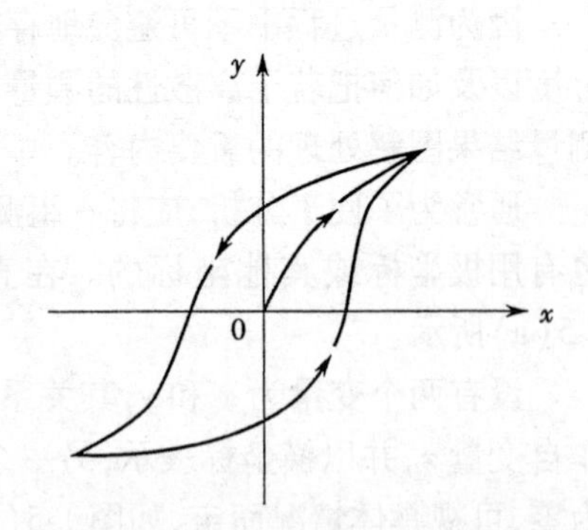

图 1-8 具有滞后现象的曲线形状

坐标分度及其比例的选择,对正确反映和分析测量结果有密切关系,一般应注意以下几个方面。

首先,坐标的分度应与测量误差相吻合。例如对 $P(\mathrm{W})-I(\mathrm{mA})$ 变化关系进行研究,测量结果如表 1-1 所示。

表 1-1

I/mA	0	0.5	1.0	1.5	2.0	2.5	3.0	3.3	3.5	3.7	4.0	4.5
P/W	0	0.22	0.43	0.6	0.76	0.89	0.98	0.99	0.93	0.85	0.67	0.67

设功率测量误差为 ±0.02 W,于是纵坐标的最小分度值应取为 0.01 W 或 0.02 W,最大不宜超过 0.05 W,如图 1-9 所示。如果分度值取得过细(如取 0.001 W),就会夸大测量精度,造成功率测量误差可小到 10^{-3}数量级的错觉;反之分度取得过粗,又会牺牲原有精度,而且增加了作图的困难。

其次,纵、横坐标之间的比例不一定取得一样,应根据具体情况选择,以便于分析和不致产生错觉为原则。图 1-10(a)所示的曲线,如果纵横坐标之间的比例选择不当,可能被画成图 1-10(b)那样,此时因曲线变化很不明显,可能被误认为是一条直线。

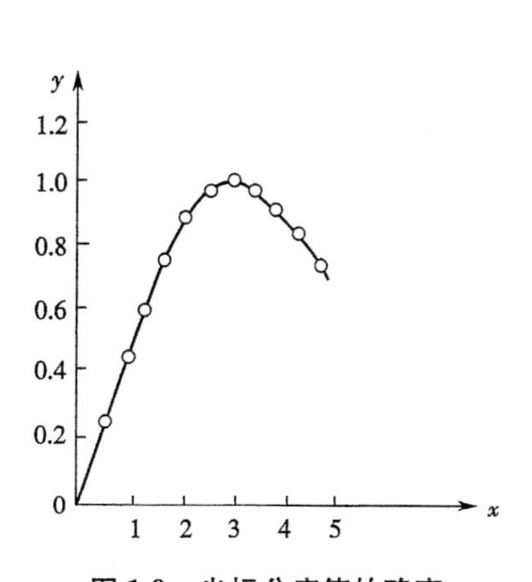

图 1-9　坐标分度值的确定

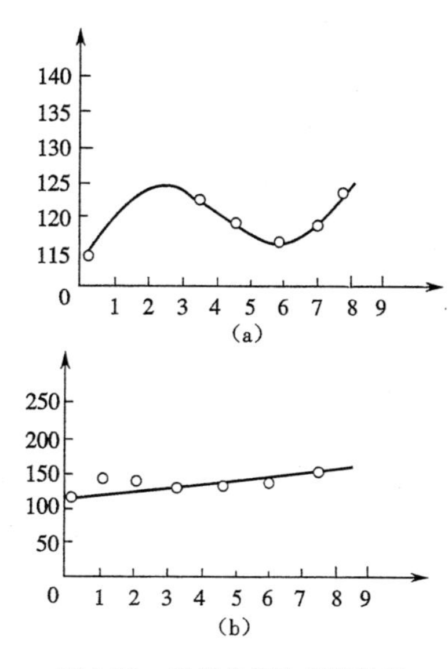

图 1-10　纵横坐标比例的选择

第二章 常用电工仪表的基本知识

第一节 电气测量指示仪表的主要技术性能

通常直读式电气测量指示仪表的主要技术特性包括：灵敏度、准确度、误差、仪表的功率损耗、过载能力等。

一、灵敏度

仪表的灵敏度是指仪表指针偏转角（读数）的变化量与相应的被测量的变化量之比值，即

$$s=\frac{\mathrm{d}\beta}{\mathrm{d}x}$$

式中 s 为仪表的灵敏度；β 为指针的偏转角；x 为被测量。

由上式可见，灵敏度与被测量的性质有关，可分为对电流的灵敏度和对电压的灵敏度等。例如将 2 μA 的电流通入某个微安表中，如果该表的指针能偏转 4 个小格，则微安表的电流灵敏度是 $s=2$ 格/μA。选用仪表时，应选灵敏度合适的仪表，不要一味追求高灵敏度的仪表。

不同型式仪表的灵敏度相差很大，仪表灵敏度反映了仪表所能测量的最小被测量。

二、准确度

准确度是指测量结果与被测量真实值之间相接近的程度，第一章第二节所述仪表的等级就表示了仪表的准确度。

进行测量之前，要根据测量所要求的准确度来选择相适应的仪表的等级。通常 0.1 级和 0.2 级仪表用作标准仪表以校准其他工作仪表或进行精密测量；一般实验室用 0.5～1.0 级仪表；工程上用 1.5～5.0 级仪表。

三、仪表所消耗的功率

在测量时，仪表本身消耗电功率。消耗的电功率转化为热能，会使仪表的温度升高，电阻阻值、游丝弹性变化；若仪表消耗功率太大，则会改变被测电路的工作状态，

产生误差，所以对小功率电路测量时，应选用功率消耗较小的仪表。

四、误差修正曲线

有的仪表出厂时附有误差修正曲线，有的在校表后要作出修正曲线（或给出校正的数据）。在第一章第三节已知道修正值是用来消除系统误差的，修正值是表示用标准表和该表测量同一数值的差值，把标准表测得的值视为真值（实际值）A_0，该仪表测得的值为 A_x，则修正值 δ_r 为

$$\delta_r = A_0 - A_x$$

或

$$A_0 = A_x + \delta_r$$

表 2-1 示出某电流表的读数与修正值的对应关系。该修正值也可以用图解法表示，图 2-1 横轴表示该表的读数，纵轴表示对应的修正值，这样作出的曲线叫误差修正曲线（或称误差校正曲线）。

表 2-1

仪表读数/A	0	1	2	3	4	5	6	7	8	9	10
修正值/A	0	+0.11	+0.17	+0.05	+0.12	+0.08	-0.10	-0.12	-0.08	-0.15	-0.10

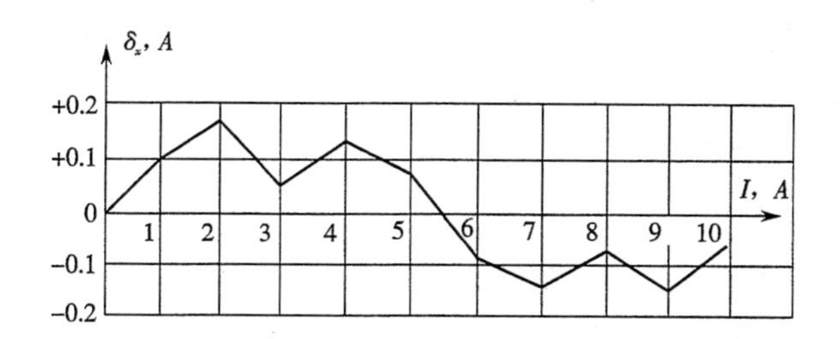

图 2-1　某电流表的误差修正曲线

利用修正曲线，可提高仪表测量的准确度，能用准确度等级不高的仪表得到准确度较高的测量结果。例如该电流表的读数为 6.0 A 时，由修正曲线可查得对应的修正值 $\delta_r = -0.10$ A，则实际值为 $A_0 = A_x + \delta_r = 6.0 - 0.10 = 5.90$ A。

五、仪表的阻尼时间

阻尼时间是指被测量开始变动到指针距离平衡位置小于标尺全长 1% 所需要的时间。为了读数迅速，阻尼时间越短越好。

六、其他

希望受外界因素影响很小;有良好的读数装置(如刻度均匀);有足够高的绝缘电阻和耐压能力以保证使用安全。

第二节 电气测量指示仪表的分类

电气测量指示仪表种类很多,分类方法也很多。常用的直读式电气测量仪表按照下列几个方面来分类。

一、按仪表的工作原理分类

主要有磁电系、电磁系、电动系、感应系、静电系、整流系等。

二、按被测量的名称(或单位)分类

有电流表(安培表、毫安表、微安表)、电压表(伏特表、毫伏表)、功率表(瓦特表)、电度表(瓦时表)、相位表(或功率因数表)、高阻表(兆欧表)、欧姆表、频率表以及多种用途的仪表,如万用表、伏安表等。

三、按被测电流的种类分类

有直流仪表、交流仪表、交直流两用仪表。

四、按使用方式分类

有开关板式和便携式仪表。开关板式仪表(又称板式表)通常固定安装在开关板或某一装置上,一般误差较大(即准确度较低),价格也较低,适用于一般工业测量。便携式仪表误差较小(即准确度较高),价格较贵,适合于实验室使用。

五、按仪表的准确度分类

有0.1,0.2,0.5,1.0,1.5,2.0,2.5,5.0共七个等级。

六、按仪表对磁场的防御能力分类

有Ⅰ、Ⅱ、Ⅲ、Ⅳ四级,其中Ⅰ级的防御能力最好,即在外界磁场(或电场)影响下所引起的附加误差最小。

第三节　电气测量指示仪表的正确使用

正确地使用测量仪器仪表是电气测量中非常重要的工作,它直接关系到测量结果的成败和测量的精确度。所谓正确使用仪表,包括仪表的选择、保证仪表的正常工作条件及正确读数等。

一、仪表的选择

1. 根据被测量的性质选择仪表类型

被测量若是直流电则应选取直流表,被测量是交流电时,因为有波形和频率的差别,应区分情况选择仪表。对于正弦交流电,只需测出其有效值即可换算出其他值,所以采用任一种交流表均可。如果是非正弦交流电,则应根据所要测量的值(有效值、平均值、最大值、瞬时值)来选择仪表种类。非正弦交流电的有效值可用电动系或电磁系仪表测量;非正弦交流电的平均值可用整流系仪表测量;非正弦交流电的最大值可用峰值表测量;非正弦交流电的瞬时值则可用电子示波器测量或拍照,再逐点分析。一般常见交流表的应用频率范围较窄,若被测量是中频或高频,应选择频率范围与之相适应的仪表。

2. 根据工程实际要求,合理选择仪表的准确度等级

仪表的准确度越高,则其价格越贵,维修也较困难。由第一章所述可见,若其他条件配合不当,高准确度仪表也未必能获得高准确度的测量结果。因此,在用准确度较低的仪表就可以满足测量要求的情况下,就不要选用高准确度的仪表。

3. 根据被测量的大小选择合适的仪表量程

由第一章第二节知道,根据被测量的大小选用仪表的量程,就可以得到准确度较高的测量结果。如果选择不当,将引起很大的测量误差。一般选量程时,应根据电源电压、电路连接方式、电路参数变化情况等,先估计可能出现的最大电压、电流数值,量程选为该值的 1.2 ~ 1.5 倍。

4. 根据被测对象的阻抗大小及测量线路选择仪表的内阻

测量仪表的内阻大小选择与被测对象的阻抗大小和测量线路紧密相关,若仪表内阻选择不当,仪表接入之后就会改变电路原有的工作状态,造成很大误差,甚至根本不能进行测量。

5. 根据仪表使用场所、环境等具体情况,选择合适的仪表

国家标准 GB776—76 还将仪表按外壳的防护性能分为:普通式、防尘式、防溅式、水密式、防水式、气密式、隔爆式一共七种。又按耐受机械力作用的性能分为普通的、能耐受机械力作用的(包括防颠震和耐颠震的,耐振动的及抗冲击的四组)。

二、保证仪表有正常的工作条件

每一种仪表都是按一定的工作条件设计和制造的。若不满足正常的工作条件会产生附加误差。所谓仪表的正常工作条件为:

1. 仪表指针调整到零;
2. 仪表按规定的工作位置安放;
3. 仪表在规定的温度、湿度下工作;
4. 除地磁场外,没有外来电磁场;
5. 对于交流仪表,电流的波形是正弦波,频率为仪表的正常工作频率。

在电气测量过程中,按上述条件使用仪表,才能保证仪表的基本误差在规定的范围内,否则会引起一定的附加误差。

有的仪表静止时指针可停在任意位置而不回零,这是由于其结构原理所决定的。如摇表就是这样。

三、正确读数

在电气测量进行时,必须注意正确读数。读数时首先要注意仪表的量程。当仪表刻度不均匀时,应注意每格所表示的正确读数。如果不可直接读出数值时,可以先读出格数,记下量程,或仪表的分格系数,待实验完毕,再进行换算,以免出错。

读取仪表指示值时,应使观察者的视线与仪表标尺的平面垂直。如果仪表标尺表面上带有镜子的话,在读数时就应该使指针与其镜像重合,以减小和消除读数误差,从而提高读数的准确性。

读数时,如果指针指示的位置在两条分度线之间,可估计一位数字。可按最小分格的1/10~1/5估计尾数。

第三章　实验室常用仪器、仪表

第一节　数字万用表

万用表是万用电表的简称,又叫多用表、三用表或复用表,是一种多功能、多量程的测量仪表。万用表一般能测量电流、电压和电阻,有的还可以测量晶体管的放大倍数、频率、电容值、电感值、逻辑电位和分贝值等,万用表的使用方法很简单,它是维修人员必不可少的工具。

万用表有很多种,现在最流行的有机械指针式和数字式万用表。目前实验室使用最多的是数字式万用表,它的整机以双积分 A/D 转换为核心,是一台性能优越的工具仪表。其原理框图如图 3-1 所示。

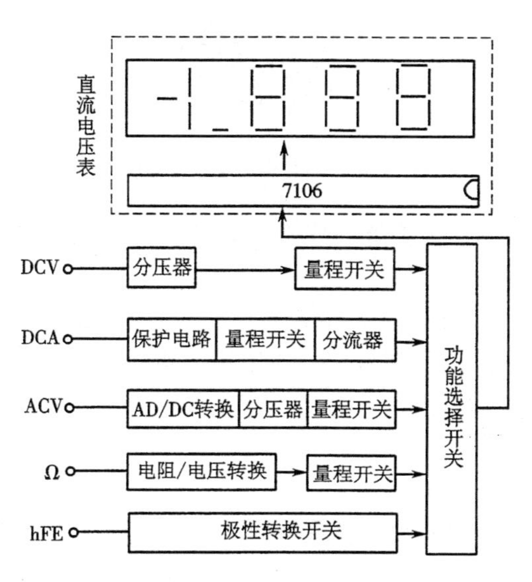

图 3-1　数字万用表原理框图

该仪表采用高大屏幕显示器,读数清晰,具有单位符号显示,背光显示及过载保护功能。它有以下特性:

1．液晶显示,并具有极性(+/ -)自动显示功能;

2．输入阻抗大,对被测电路影响小,测量准确度较高;

3. 超量程显示:最高位显示“1”;

4. 保护功能齐全:过压、过流保护,过载保护和超输入显示;

5. 有全量程、全功能自动调零、过量程指示、电池欠压指示等功能;

6. 低电压显示:“[− +]”符号出现。

一、使用方法

(一)操作面板说明

实验室常用数字万用表 VC9805A + 如图 3-2 所示,各功能键的名称及作用如下。

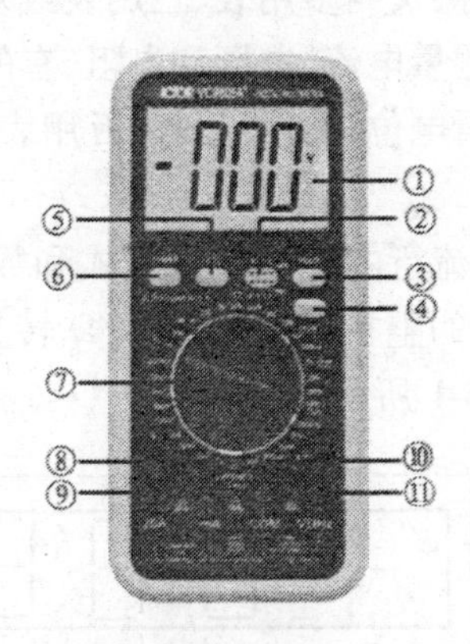

图 3-2 VC9805A + 万用表

①液晶显示器:显示仪表测量的数值及单位。

②三极管测试插孔。

③“HOLD”保持开关:按下此功能键,仪表当前所测数值保持在液晶显示器上并出现“H”符号,再次按下“H”符号消失,退出保持功能状态。

④DC/AC 键:选择 DC 和 AC 工作方式,在显示屏左上角有显示。

⑤背光按键。

⑥电源开关:开启及关闭电源。

⑦旋钮开关:用于改变测量功能及量程。其每一挡量程的数值为该挡所测变量的最大值。

⑧小于 200 mA 电流测试插座。

⑨20 A 电流测试插座。

⑩公共地。

⑪电压、电阻及频率插座。

(二)电压测量

1. 将红表笔插入“V/Ω/Hz”插孔,黑表笔插入“COM”插孔。

2. 将功能开关转至“V”挡，如果被测电压大小未知，应选择最大量程，再逐步减小，直至获得分辨率最高的读数。

3. 测量直流电压时，使“DC/AC”键弹起置 DC 测量方式；测量交流电压时，使“DC/AC”键按下置 AC 测量方式。

4. 将测试表笔与被测负载或信号源并联，屏幕即显示被测电压值；测量直流电压显示时，红表笔所接的为该点的电压与极性。

☆注意

1. 如显示：“1”，表明已超过量程范围，须将量程开关转至高一挡。

2. 测量电压不应超过 1000 V 的直流和 750 V 交流，转换功能和量程时，表笔要离开测试点。

3. 当测量高电压时，千万注意避免触及高压电路。

（三）电流测量

1. 将红表笔插入“mA”或“20A”插孔中，黑表笔插入“COM”插孔。

2. 将功能开关转至“A”挡，如果被测电流大小未知，应选择最大量程，再逐步减小，直至获得分辨率最高的读数。

3. 测量直流电流时，使“DC/AC”键弹起置 DC 测量方式；测量交流电压时，使“DC/AC”键按下置 AC 测量方式。

4. 将仪表的表笔串连接入被测电路上，屏幕即显示被测电流值；测量直流电流显示时，红表笔所接的为该点的电流与极性。

☆注意

1. 如显示：“1”，表明已超过量程范围，须将量程开关转至高一挡。

2. 测量电流时，“mA”孔不应超过 200 mA，“20 A”孔不应超过 20 A（测试时间小于 10 秒）；转换功能和量程时，表笔要离开测试点。

（四）电阻测量

1. 将红表笔插入“V/Ω/Hz ”插孔，黑表笔插入“COM”插孔

2. 将量程开关转至相应的电阻量程上，将两表笔**跨接并联**在被测电阻上。

☆注意

1. 如果电阻值超过所选的量程值，则会显示“1”，这时应将开关转高一挡。

2. 当输入端开路时，会显示过载情形。

3. 测量电路中电阻时，要确认被测电阻完全从电路中独立出来。

4. 请勿在电阻量程输入电压。

5. 当测量电阻值超过 1 MΩ 以上时，读数需几秒时间才能稳定，这在测量高电阻时是正常的。

(五)电容测量

将量程开关置于相应的电容量程上,将测试电容插入“mA”及“COM”插孔,必要时注意极性。

☆注意

1. 如被测电容超过所选量程之最大值,显示器将只显示“1”,此时则应将开关转高一挡。

2. 在测试电容之前,屏幕显示可能尚有残留读数,属正常现象,它不会影响测量结果。

3. 大电容挡测量严重漏电或击穿电容时,将显示一数字值且不稳定。

4. 请在测试电容之前,对电容应充分地放电,以防止损坏仪表。

5. 严禁在此挡输入电压。

(六)电感测量

将量程开关置于相应之电感量程上,被测电感插入“mA”及“COM”插孔。

☆注意

1. 如被测电感超过所选量程之最大值,显示器将只显示“1”,此时则应将开关转高一挡。

2. 同一电感量存在不同阻抗时测得的电感值不同。

3. 在使用2 mH量程时,应先将表笔短路,测得引线电感值,然后在实测中减去。

4. 严禁在此挡输入电压。

(七)温度测量

将量程开关置于“C”或“F”量程上,将热电偶传感器的冷端(自由端)负极(黑色插头)插入“mA”插孔中,正极(红色插头)插入“COM”插孔,热电偶的工作端(测温端)置于待测物上面或内部,可直接从显示器上读取温度值,读数为摄氏度或华氏度。

☆注意

1. 当输入端开路时,操作环境高于18 ℃低于28 ℃时显示环境温度,低于18 ℃高于28 ℃时显示只供参考。

2. 请勿随意更换测温传感器,否则将不能保证测量准确度。

3. 严禁在温度挡输入电压。

(八)频率测量

1. 将表笔或屏蔽电缆接入“COM”和“V/Ω/Hz”输入端。

2. 将量程开关转到频率挡上,将表笔或屏蔽电缆跨接在信号源或被测负载上。

☆注意

1. 输入超过10 Vms时,可以读数,但不保证准确度。

2. 在噪声环境下，测量小信号时最好使用屏蔽电缆。

3. 在测量高电压电路时，千万不要触及高压电路。

4. 禁止输入超过 250 V 直流或交流峰值的电压，以免损坏仪表。

（九）三极管 hFE

1. 将量程开关置于“hFE”挡。

2. 决定所测晶体管为 NPN 型或 PNP 型，将发射极、基极、集电极分别插入相应插孔。

3. 屏幕显示该三极管的放大倍数。

（十）二极管及通断测试

1. 将黑表笔插入“COM”插孔，红表笔插入“V/Ω/Hz”插孔，注意红表笔极性为“+”。

2. 将量程开关置“—▷—)))”挡，并将表笔连接到待测试二极管，红表笔接二极管正极，黑表笔接二极管负极，读数为二极管正向压降的近似值。如测试表笔反接，液晶屏应显示过量程状态“1”。

3. 将表笔连接到待测线路的两点，如果内置蜂鸣器发声，则两点之间电阻值低于约(70 ± 20)Ω。例如将红黑表笔连接到一根短导线两端，如果蜂鸣器发声则代表导线连通正常，否则导线断线。

（十一）数据保持

按下保持开关“HOLD”，当前数据就会保持在显示器上，再按一次，保持取消。

（十二）背光显示

按下“B/L”键，背光灯亮，约 10 秒钟后自动关掉。

☆注意

背光灯亮时，工作电流增大，会造成电池使用寿命缩短及个别功能测量时误差变大。

二、注意事项

明确各开关的功能，测量时需将按键功能开关和量程按钮开关配合使用，并放置在相应的挡位，测试笔应插在与被测量相符的位置。

1. 在进行电阻、电容、通断的测量时，为避免仪表或被测设备的损坏，测量前应先切断电路的电源，并将所有电容器放电；不要带电测量电阻。

2. 当测量电流没有读数时，请检查保险丝，在更换保险丝前应先将测试笔脱离被测电路，以免触电，更换相同规格的保险丝。

3. 当显示器出现符号“[+ −]”时表明电池电压不足应予更换。

4. 使用完毕，应随手将电源开关置于“OFF”位置，以免忘记关掉电源，长时间消耗电池。

第二节 直流稳压电源

SWD—Ⅱ型稳流稳压电源具有稳流稳压双重功能,输出双路直流低压,具有高稳定度和高可靠性。两路可独立工作,也可以串联输出,亦可多级串联输出高电压以扩大其使用范围。

本电源可作为一般稳压电源使用也可作为稳流电源使用。稳压、稳流均为连续可调。输出电压是0~20 V连续可调,输出电流是15~1 000 mA连续可调。

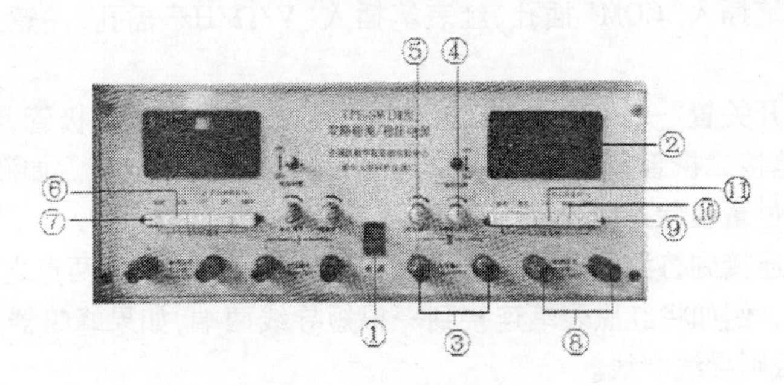

图3-3 直流稳压电源

一、面板介绍

①电源开关。

②显示屏

③电压输出端:作为直流稳压电源使用,从此端口输出直流电压。

④电流调节旋钮:转动旋钮,可改变电流值。

⑤电压调节旋钮:转动旋钮,可改变电压值。

⑥电压键:按下“电压”键,通过“电压调节”旋钮,改变电压值。

⑦电流键:按下“电流”键,通过“电流调节”旋钮,改变电流值。

⑧被测直流电压输入端:作为直流电压表使用,将被测直流电压从此端口输入。

⑨200 V:直流电压表的量程。

⑩20 V:直流电压表的量程。

⑪2 V:直流电压表的量程。

二、使用说明

(一)稳压电源

接负载前应根据负载所需要的工作电压和电流将电源调在所需要之处,现以负载需要 12 V,正常工作电流小于 100 mA 为例说明。

1. 在不接负载前先将电源开启,按下“电压”按键,此时,电压输出端口开路,调节电压调节旋钮使电源输出电压为 12 V;然后按下“电流”按键,将电压输出端“+、-”极短接,调节电流调节旋钮,使显示屏显示为“0. 120”,即 120 mA(调稳流值应大于正常工作电流 20% 左右为宜)。

2. 去掉短路线,再将“电压”键按下,将输出接到负载上即正常工作。

3. 当发现显示屏电压值下跌时,有可能所接外负载电路有故障,工作电流超过稳流点 120 mA 所致。也有可能开始估算的正常工作电流为 100 mA 偏小,实际工作电流要大,这时可将稳流调节钮向大的方向稍调一点,若这时数显电压稳定在所要求的 12. 0 V 位置,证明开始估算有误,若仍出现电压跌落就不要继续增大稳流电流,应仔细检查故障原因。两路电源操作相同,防止损坏电路组件。

(二)稳流电源

接负载前应根据负载的直流电阻选择电源输出电压,若事先不知道负载的直流电阻,则应将电压调节钮和电流调节钮调到较小位置,打开电源开关,将“电流”键按下,接上负载,慢慢顺时针调电压钮,电流将继续上升;若要求稳流电流较小时,调稳流钮就可调到所要求的值,如 65 mA,在达到所要求的稳流值后应继续向上调稳流值,看一下有否余量,余量大小应根据负载的变化而定,一般应留有 10% ~20% 余量,在稳流电流较小时,余量可加大,这样能保证稳流精度。在证明有稳定余量的情况下,再将稳流值调到所需稳流值,如上面的 65 mA。在稳流电流较大时,上述操作要反复数次才达到要求值。

三、注意事项

1. 此电源为宽调电源,可从零伏起调,实际上将电压调节钮调到最小位置约有几十毫伏的输出。

2. 在输出电压低于 10 V,工作电流大于 0. 5 A 时,请将电压选择开关打到 10 V 挡。

3. 电压选择开关打到 20 V 挡,而稳流电流要求大于 500 mA 以上时,测稳流值最好不用直接短路输出的方法测量,可在输出端并接一个 5 ~10 Ω 大功率电阻来测量,若用短路法测量,这时稳流管的功耗已接近极限值。LM350K 可能出现功率保护,使稳流值上不去,如用短路法测只有 0. 5 A 左右,这时若用 5 ~10 Ω 电阻短接测量,稳流值就能调到 1 A。

第三节 低频信号发生器

EE1641B 型函数信号发生器/计数器是一种提供测试用的信号装置,又称函数发生器。它能产生正弦波、三角波、方波、锯齿波、脉冲波等信号,频率范围 0.2 Hz ~ 2 MHz。信号输出幅度连续可调,函数输出非对称性在 20% ~80% 内连续调节,有 3 位幅度显示和 4 位频率显示,函数输出信号的直流电平可在 -5 ~ +5 V 内调节。本仪器还能输出 TTL 脉冲波和扫频信号。由于此仪器还具有外部测频功能,所以定名为函数信号发生器/计数器。

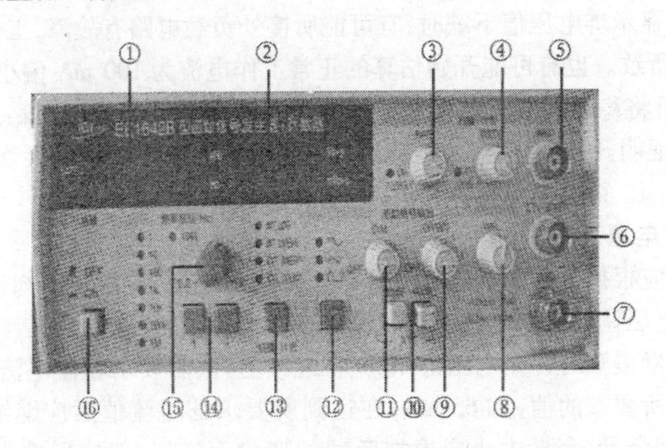

图 3-4 EE1641B 型函数信号发生器/计数器

一、面板说明

①频率显示窗口:显示输出信号的频率或外测频信号的频率。

②幅度显示窗口:显示函数输出信号的幅度。

③扫描速率调节旋钮(RATE):调节该旋钮可以改变内扫描的时间长短。在外测频时,逆时针旋到底(绿灯亮),为外输入测量信号经过低通开关进入测量系统。

④扫描宽度调节旋钮(WIDTH):调节该旋钮可调节扫频输出的扫频范围。在外测频时,逆时针旋到底(绿灯亮),为外输入测量信号经过衰减"20 dB"进入测量系统。

⑤外部输入插座(INPUT):当"扫描/计数"按键⑬功能选择在外扫描状态或外测频功能时,外扫描控制信号或外测频信号由此输入。

⑥TTL 信号输出端(TTL OUT):输出标准的 TTL 幅度的脉冲信号,输出阻抗为

600 Ω。

⑦函数信号输出端(50 Ω):输出多种波形受控的函数信号,输出幅度 20 V_{PP}(1 MΩ 负载),10 V_{PP}(50 Ω 负载)。

⑧函数信号输出幅度调节旋钮(AMPL):调节范围 20 dB。

⑨函数信号输出信号直流电平预置调节旋钮(OFFSET):调节范围:-5 ~ +5 V(50 Ω 负载),当该旋钮处在中心位置时,则为“0”电平。

⑩函数信号输出幅度衰减开关(ATT):“20 dB”、“40 db”键均不按下,输出信号不经过衰减,直接输出到插座口。“20 dB”、“40 db”键分别按下,则可选择“10 倍”或“100 倍”衰减。“20 dB”、“40 db”键同时按下,则可衰减 1000 倍。

⑪输出波形对称性调节旋钮(SYM):调节该旋钮可以改变输出信号的对称性,当该旋钮处在中心位置或“OFF”位置时,则输出对称信号。

⑫函数输出波形选择按钮:可选择正弦波、三角波、脉冲波输出。

⑬扫描/计数按钮:可选择多种扫描方式和外测频方式。

⑭上频段和下频段选择按钮:每按一次此按钮,输出频率向上或向下调整 1 个频段。

⑮频率调节旋钮:调节此旋钮可改变输出频率的一个频程。

⑯电源开关:此按键按下时,机内电源接通,整机工作。此键释放为关掉电源。

二、使用方法

1. 详细阅读“面板及功能说明”,了解面板上各旋钮及器件的功能。

2. 接通电源,按下电源开关。

3. 以终端连接 50 Ω 匹配器的测试电缆,由插座⑦输出函数信号。

4. 由频率选择按钮⑭选定输出函数信号的频段,由频率调节旋钮⑮调节输出信号频率,直到所需的工作频率值。

5. 由波形选择按钮⑫选定输出函数的波形分别获得正弦波、三角波、脉冲波。

6. 由信号输出幅度调节旋钮⑧调节幅度至所需值,当需要小信号时,按下⑩输出衰减按钮。

7. 将信号电平预置调节旋钮(OFFSET)⑨和输出波形,对称性调节旋钮(SYM)都置于“OFF”的位置,

8. 从函数信号输出端(50 Ω)⑦输出实验所需信号,此时需要考虑 50 Ω 分压。例如需要信号源输出频率为 1 kHz,峰峰值为 2 V 的正弦波,首先将信号源连入电路组成完整闭合回路,然后调定信号频率为 1 kHz,最后用示波器测试线并联在信号源测试线两端,即示波器与信号源测试线的红黑夹子分别对应相接,调节信号源的幅度旋钮使示波器观测到的信号的峰峰值为 2 V,此时即为考虑到信号源本身内阻的

50 Ω 分压。

第四节　数字合成函数信号发生器/计数器

本仪器是一台精密的测试仪器，具有输出函数信号、调频、调幅、FSK、PSK、猝发、频率扫描等信号的功能。此外，本仪器还具有测频和计数的功能。

图 3-5　数字合成函数信号发生器/计数器

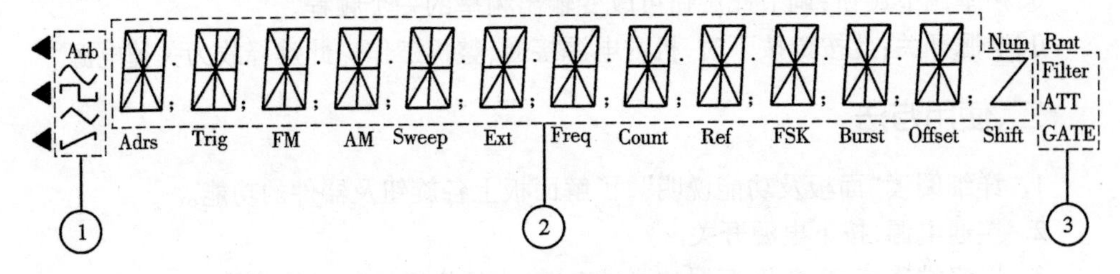

图 3-6　信号发生器显示区域

一、显示说明

①波形显示区

:主波形/载波为正弦波

:主波形为方波、脉冲波

:点频波形为三角波

:点频波形为升锯齿波形

Arb:点频波形为存储波形

②主字符显示区

③测频/计数显示区

Filter:测频时处于低通状态

ATT:测频时处于衰减状态

GATE:测频计数时闸门开启

④其他为状态显示区

Adrs:不用

Trig:等待单次触发或外部触发

FM:调频功能模式

AM:调幅功能模式

Sweep:扫描功能模式

Ext:外信号输入状态

Freq:(与 Ext)测频功能模式

Count:(与 Ext)计数功能模式

Ref:(与 Ext)外基准输入状态

FSK:频移功能模式.

◀ FSK:相移功能模式

Burst:猝发功能模式

Offset:输出信号直流偏移不为 0

Shift:【shift】键按下

Rmt:仪器处于远程状态

Z:频率单位 Hz 的组成部分

二、键盘说明

1. 数字输入键

键　名	主　功　能	第二功能	键　名	主　功　能	第二功能
0	输入数字 0	无	7	输入数字 7	进入点频
1	输入数字 1	无	8	输入数字 8	复位仪器
2	输入数字 2	无	9	输入数字 9	进入系统
3	输入数字 3	无	■	输入小数点	无
4	输入数字 4	无	—	输入负号	无
5	输入数字 5	无	□	闪烁数字左移 *	选择脉冲波
6	输入数字 6	无	□	闪烁数字右移 * *	选择 ARB 波形

＊ :输入数字未输入单位时,按下此键,删除当前数字的最低位数字,可用来修改当前输错的数字。

＊ :外计数时:按下此键,计数停止,并显示当前计数值,再按动一次,继续计数。

＊＊ :外计数时:按下此键,计数清零,重新开始计数。

2. 功能键

键　名	主　功　能	第二功能	计数第二功能	单位功能
频率/周期	频率选择	正弦波选择	无	无
幅度/脉宽	幅度选择	方波选择	无	无
键控	键控选择	三角波选择	无	无
菜单	菜单选择	升锯齿波选择	无	无
调频	调频功能选择	存储功能选择	衰减选择	ms/mV_{PP}
调幅	调幅功能选择	调用功能选择	低通选择	MHz/Vrms
扫描	扫描功能选择	测频功能选择	测频/计数选择	kHz/mVrms
猝发	猝发功能选择	直流偏流选择	闸门选择	Hz/dBm

3. 其他键

键　名	主　功　能	其　他
输出	信号输出与关闭切换	扫描功能和猝发功能的单次触发
Shift	和其他键一起实现第二功能	单位 s/V_{PP}/N

4. 按键功能

(1)大多数按键是多功能键。每个按键的基本功能标在该按键上,实现某按键基本功能,只需按下该按键即可。

(2)大多数按键有第二功能,第二功能用蓝色标在这些按键的上方,实现按键第二功能,只需先按下【shift】键再按下该键即可。

(3)少部分按键还可作单位键,单位标在这些按键的下方。要实现按键的单位功能,只有先按下数字键,接着再按下该键即可。

(4)【shift】键:基本功能作为其他键的第二功能复用键,按下该键后,"shift"标志亮,此时按其他键则实现第二功能;再按一次该键则该标志灭,此时按其他键则实现基本功能。还用作"s/V_{PP}/N"单位。分别表示时间的单位"s"、幅度的峰峰值单位"V"和其他不确定的单位。

(5)【0】【1】【2】【3】【4】【5】【6】【7】【8】【9】【·】【-】键:数据输入键。其中【7】【8】【9】与【shift】键复合使用还具有第二功能。

(6)【◀】【▶】键:基本功能是数字闪烁位左右移动键。第二功能是选择“脉冲”波形和“任意”波形。在计数功能下还作为“计数停止”和“计数清零”功能。

(7)【频率/周期】键:频率的选择键。当前如果显示的是频率,再按下一次该键,则表示输入和显示改为周期。第二功能是选择“正弦”波形。

(8)【幅度/脉宽】键:幅度的选择键。如果当前显示的是幅度且当前波形为“脉冲”波,再按下一次该键表示输入和显示改为脉冲波的脉宽。第二功能是选择“方波”波形。

(9)【键控】键:FSK 功能模式选择键。当前如果是 FSK 功能模式,再按一次该键,则进入 PSK 功能模式;当前不是 FSK 功能模式,按一次该键,则进入 FSK 功能模式。第二功能是选择“三角波”波形。

(10)【菜单】键:菜单键,进入 FSK、PSK、调频、调幅、扫描、猝发和系统功能模式时,可通过【菜单】键选择各功能的不同选项,并改变相应选项的参数。在点频功能时且当前处于幅度时可用【菜单】键进行峰峰值、有效值和 dBm 数值的转换。第二功能是选择“升锯齿”波形。

(11)【调频】键:调频功能选择键,第二功能是储存选择键。它还用作“ms/mVpp”单位,分别表示时间的单位“ms”、幅度的峰峰值单位“mV”。在“测频”功能下作“衰减”选择键。

(12)【调幅】键:调幅功能模式选择键,第二功能是调用选择键。它还用作“MHz/Vrms”单位,分别表示频率的单位“MHz”、幅度的有效值单位“Vrms”。在“测频”功能下作“低通”选择键。

(13)【扫描】键:扫描功能模式选择键,第二功能是测频计数功能选择键。它还用作“kHz/mVrms”单位,分别表示频率的单位“kHz”、幅度的有效值单位“mVrms”。在“测频计数器”功能下和【shift】键一起作“计数”和“测频”功能选择键,当前如果是测频,则选择计数;当前如果是计数则选择测频。

(14)【猝发】键:猝发功能模式选择键,第二功能是直流偏移选择键。它还用作“Hz/dBm/Φ”单位,分别表示频率的单位“Hz”、幅度的单位“dBm”。在“测频”功能下作“闸门”选择键。

(15)【输出】键:信号输出控制键。如果不希望信号输出,可按【输出】键禁止信号输出,此时输出信号指示灯灭;如果要求输出信号,则再按一次【输出】键即可,此时输出信号指示灯亮。默认状态为输出信号,输出信号指示灯亮。在“猝发”功能模式和“扫描”功能模式的单次触发时作“单次触发”键,此时输出信号指示灯亮。

5. 调节旋钮和【◀】【▶】键一起改变当前闪烁显示的数字。

三、使用说明及方法

1. 测试前的准备工作

先仔细检查电源电压是否符合本仪器的电压工作范围,确认无误后方可将电源线插入本仪器后面板的电源插座内。仔细检查测试系统电源情况,保证系统间接地良好,仪器外壳和所有的外露金属均已接地。在与其他仪器相连时,各仪器间应无电位差。

2. 函数信号输出使用说明

(1)仪器启动:按下面板上的电源按钮,电源接通。先闪烁显示"WELCOME"2 秒,再闪烁显示仪器号例如"F05A-DDS"1 秒。之后根据系统功能中开机状态设置,进入"点频"功能状态,波形显示区显示当前波形"～",频率为 10.00 000 000 kHz;或者进入上次关机前的状态。

(2)数据输入:数据输入有两种方式。

①数据键输入:十个数字键用来向显示区写入数据。写入方式为自左到右顺序写入,【·】用来输入小数点,如果数据区中已经有小数点,按此键不起作用。【-】用来输入负号,如果数据区中已经有负号,再按此键则取消负号。使用数据键只是把数据写入显示区,这时数据并没有生效,所以如果写入有错,可以按当前功能键,然后重新写入。对仪器输出信号没有影响。等到确认输入数据完全正确之后,按一次单位键,这时数据开始生效,仪器将根据显示区数据输出信号。数据的输入可以使用小数点和单位键任意搭配,仪器将会按照统一的形式将数据显示出来。

注意:用数字键输入数据必须输入单位,否则输入数值不起作用。

②调节旋钮输入:调节旋钮可以对信号进行连续调节。按位移键【◀】【▶】使当前闪烁的数字左移或右移,这时顺时针转动旋钮,可使正在闪烁的数字连续加一,并能向高位进位。逆时针转动旋钮,可使正在闪烁的数字连续减一,并能向高位错位。使用旋钮输入数据时,数字改变后立即生效,不用再按单位键。闪烁的数字向左移动,可以对数据进行粗调,向右移动可以进行细调。

当不需要使用旋钮时,可以用位移键【◀】【▶】使闪烁的数字消失,旋钮的转动就不再有效。

(3)频率设定:按【频率】键,显示出当前频率值。可用数据键或调节旋钮输入频率值,这时仪器输出端口即有该频率的信号输出。

例如设定频率值 5.8 kHz,按键顺序如下:

【频率】【5】【·】【8】【kHz】(可以用调节旋钮输入)

或者【频率】【5】【8】【0】【0】【Hz】(可以用调节旋钮输入)

显示区都显示 5.80 00 000 kHz。

(4)周期设定:信号的频率也可以用周期值的形式进行显示和输入。如果当前显示为频率,再按【频率/周期】键显示出当前周期值,可用数据键或调节旋钮输入周期值。

例如设定周期值 10 ms,按键顺序如下:

【周期】【1】【0】【ms】(可以用调节旋钮输入)

如果当前显示为周期,再按【频率/周期】键,可以显示出当前频率值;

如果当前显示的既不是频率也不是周期,按【频率/周期】键,显示出当前点频频率值。

(5)幅度设定:按【幅度】键,显示出当前幅度值。可用数据键或调节旋钮输入幅度值,这时仪器输出端口即有该幅度的信号输出。

例如设定幅度值峰峰值 4.6 V,按键顺序如下:

【幅度】【4】【·】【6】【Vpp】(可以用调节旋钮输入)

对于"正弦"、"方波"、"三角"、"升锯齿"和"降锯齿"波形,幅度值的输入和显示有三种格式:峰峰值 V_{PP}、有效值 Vrms、和 dBm 值,可以用不同的单位区分输入。对于其他波形只能输入和显示峰峰值 V_{PP}或直流数值(直流数值也用单位 V_{PP}和 mV_{PP}输入)。

(6)常用波形的选择:按下【shift】键后再按下波形键,可以选择正弦波、方波、三角波、升锯齿波、脉冲波五种常用波形。同时波形显示区显示相应的波形符号。

例如选择方波,按键顺序如下:

【shift】【方波】

第五节　示 波 器

电子示波器是一种能直接观察和真实显示被测信号的综合性电子测量仪器。它不仅可以测试周期性信号的幅度、频率、周期、相位,而且可以测试脉冲信号的幅度、宽度、延时、上升和下降时间、重复周期的参数。所以它是电工实验中必不可少的重要仪器。

示波器主要由 Y 轴(垂直)放大器、X 轴(水平)放大器、触发器、扫描发生器、示波管及电源六部分组成。示波管是示波器的核心,它的作用是把所观察的信号电压变成发光的图形。Y 轴(垂直)放大器的作用是将被观察的电信号加以放大后,送至示波管的 Y 轴偏转板。扫描发生器的作用是产生一个周期性的线性锯齿波电压(扫描电压)。X 轴(水平)放大器的作用是将扫描电压或 X 轴输入信号放大后,送至示波管的 X 轴偏转板。触发器将来自内部(被测信号)或外部的触发信号经过整形,变为波形统一的触发脉冲,用以触发扫描发生器。电源的作用是将市电 220 V 的交流电压,转变为各个数值不同的直流电压,以满足各部分电路的工作需要。

一、红华示波器

HONGHUACOS5020 型示波器的前面板如图 3-7 所示,分为屏幕显示调整、Y 轴偏转系统和 X 轴偏转系统三大部分。

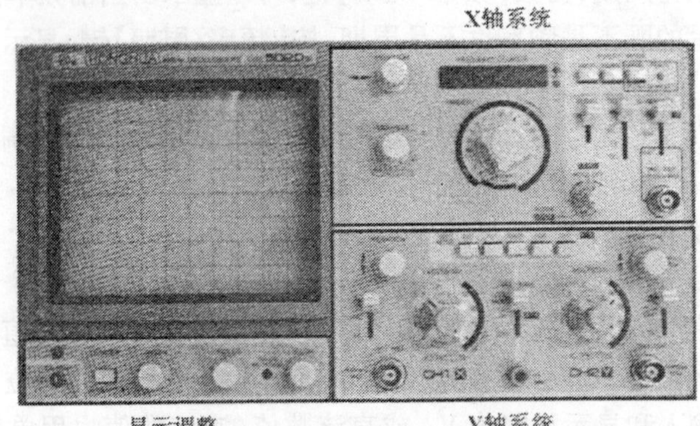

图 3-7　HONGHUA 示波器

1. 面板控制键及功能说明

(1)屏幕显示调整部分

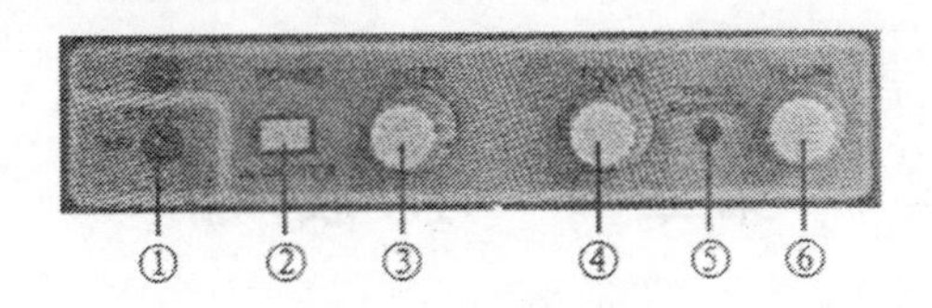

图 3-8　显示调整部分

①校准信号[CAL(V_{PP})]:此端口输出幅度 0.5V_{PP},频率为 1 kHz 的方波信号,用以校准 Y 轴偏转因数和扫描时间因数。

②电源开关(POWER):按下此开关,仪器电源接通,指示灯亮。

③亮度旋钮(INTEN):用以光点和扫线的亮度调节,顺时针方向旋转旋钮,亮度增强。

④聚焦旋钮(FOCUS):调节亮度旋钮使亮度适中,然后调节聚焦旋钮直至扫线达到最清晰程度。

⑤轨迹旋转旋钮(TRACE ROTATION):由于磁场的作用,当轨迹在水平方向轻微倾斜时,调节该旋钮使轨迹与水平刻度线平行。

⑥标尺亮度旋钮（ILLUM）：该旋钮用于调节屏幕刻度亮度。如果该旋钮顺时针方向旋转，亮度将增加，该功能主要用于黑暗环境或是拍照时的操作。

（2）垂直偏转系统

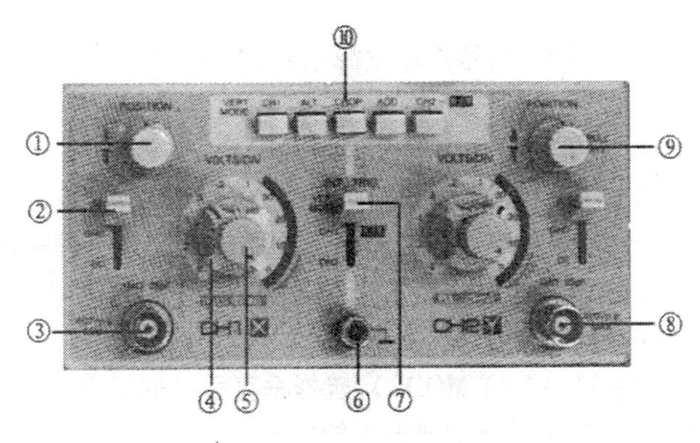

图 3-9　垂直偏转系统

①垂直位移旋钮（POSITION）：用于调节光点和扫线在垂直方向的位置。

②输入耦合方式选择开关（AC-GND-DC）：通道 1 和通道 2 的输入信号与垂直放大器连接方式的选择开关。

◆交流耦合（AC）：信号与仪器经电容交流耦合，信号中的直流分量被隔开，用以观察信号中的交流成分。

◆直流耦合（DC）：信号与仪器直接耦合，当需要观察信号的直流分量或被测信号频率较低时，应选用此方法。

◆接地（GND）：输入信号与放大器断开，同时仪器输入端处于接地状态，用以确定输入端为零电位时轨迹所在位置。

③通道 1 输入端 CH1（X）：双功能端口，在常规使用时，此端口作为通道 1 的垂直输入端，当仪器工作在 X—Y 方式时，该输入端的信号成为 X 轴输入端。

④电压灵敏度选择开关（VOLTS/DIV）：用于选择垂直轴的电压偏转因数，从 5mV/DIV 到 5V/DIV（DIV，格）共 10 个挡级调整，可根据被测信号的电压幅度选择合适的挡级。

⑤微调　拉出 ×5 旋钮（VARIABLE PULL ×5）：用以连续调节垂直轴的电压偏转因数，可调节面板指示值的 2.5 倍以上。该旋钮顺时针到底时为“校准”位置，此时可根据“VOLTS/DIV”开关盘位置和屏幕显示幅度读取信号的电压值。当该旋钮在拉出位置时，垂直放大倍数扩展 5 倍，偏转因数为面板指示值的 1/5。

⑥示波器外壳接地端

⑦内触发（INT TRIG）：选择内部的触发信号源。当“触发源”开关⑤设置在

“内”时,由此开关选择馈送到 A 触发电路的信号。

◆“VERT MODE”挡:把显示在荧光屏上的输入信号作为触发信号。

当⑩置交替时,触发也处在交替方式中,CH1 和 CH2 的信号交替的作为触发信号。

◆“CH1”挡:以 CH1 输入信号作触发源信号,在 X—Y 工作时,该信号连接到 X 轴上。

◆“CH2”挡:CH2 输入信号作为触发信号。

⑧通道 2 输入端 CH2(Y):双功能端口,在常规使用时,此端口作为通道 2 的垂直输入端,当仪器工作在 X—Y 方式时,该输入端的信号成为 Y 轴输入端。

⑨CH2 极性开关(INVERT):此旋钮未拉出时,通道 2 的信号为常态显示,拉出此旋钮时,通道 2 的信号被反相。

⑩垂直工作方式按钮(VERT MODE):选择垂直系统的工作方式。

◆CH1(通道 1):屏幕上只显示通道 1 的信号。

◆CH2(通道 2):屏幕上只显示通道 2 的信号。

◆ALT(交替):用于同时观察两路信号,此时两路信号交替显示,适用于较高扫速。

◆CHOP(断续):以频率 250 kHz 的速率;轮流显示 CH1 和 CH2. 适用低扫速。

◆ADD(相加):用于显示两路信号相加(CH1 + CH2)的结果。当 Y_2 极性开关被拉出时,则为两信号相减。

(3)X 轴偏转系统。

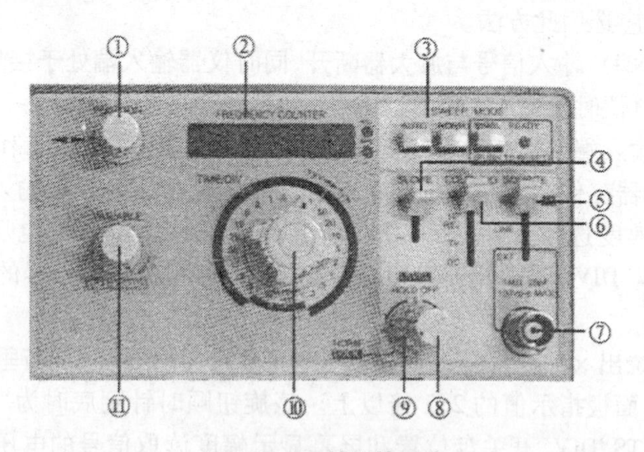

图 3-10 X 轴偏转系统

①水平位移(POSITION):用于调节光点和扫线在水平方向的位置。

②频率显示窗口(FREQUENCY COUNTER):显示输入信号的频率。

③扫描方式(SWEEP MODE):选择需要的扫描方式。

◆自动(AUTO):自动扫描方式。当无触发信号输入时,屏幕上显示扫描线,一旦有触发信号输入,电路自动转换为触发扫描状态。调节触发电平可使波形稳定。此方式适宜观察频率在 50 Hz 以上的信号。

◆常态(NORM):触发扫描方式。无信号输入时,屏幕上无轨迹显示,有信号输入,且触发电平旋钮在合适的位置时,电路被触发扫描。当被测信号频率低于 50 Hz 时,必须选择该方式。

◆单次(SINGLE):单次扫描方式。当扫描方式的三个键均未按下时,电路即处于单次扫描工作方式。当按下此键,扫描电路复位,此时准备灯亮、单次扫描结束后灯熄灭。

④触发极性(SLOPE):用于选择触发。"+"在信号正斜率上触发。"-"在信号负斜率上触发。

⑤触发源(SOURCE):用于选择不同的触发信号。

◆内触发(INT):从 CH1 或 CH2 上的输入信号作为触发信号。

◆电源触发(LINE):交流电源信号作为触发信号。

◆外触发(EXT):外触发输入端⑦的输入信号作为触发信号。

⑥触发耦合(COUPING):选择触发信号和触发电路之间耦合方式,也选择 TV 同步触发电路的连接方式。

◆AC:通过交流耦合施加触发信号。

◆HFR:交流耦合,可抑制高于 50 kHz 的信号。

◆TV:触发信号通过电视同步分离电路连接到触发电路。

◆DC:通过直流耦合施加触发信号。

⑦外触发输入端(EXT INPUT):当"触发源"开关⑤选择"外"触发方式时,触发信号由此端口输入。

⑧触发电平(LEVEL):触发电平调节。

◆当信号波形复杂,用电平旋钮⑧不能稳定触发时,可用释抑⑨旋钮使波形稳定。电平旋钮用于调节在信号的任意选定电平进行触发。当旋钮转向"→+"时,显示波形的触发电平上升,当旋钮转向"→-"时,显示波形的触发电平下降。当此旋钮置"锁定"位置时,不论信号幅度大小,触发电平自动保持在最佳状态。不需要调节触发电平。

⑨释抑(HOLDOFF):此双联控制旋钮为释抑时间调节。

⑩扫描时间因数选择开关(TIME/DIV):由 0.2 μs/DIV ~ 0.5 s/DIV 共分 20 个挡级。当扫描微调旋钮置于校准位置时,可根据该度盘位置和波形在水平轴的距离读出被测信号的时间参数。

⑪扫描微调 拉×10旋钮(VARIABLE PULL×10):用于连续调节扫描时间因数,调节范围大于2.5倍。顺时针旋转到底为"校准"位置,拉出此旋钮,水平放大倍数被扩展10倍,因此扫描时间旋钮的指示值应为原来的1/10。

二、使用方法

(1)显示水平扫描基线:将示波器输入耦合开关置于接地(GND),垂直工作方式开关置于交替(ALT),扫描方式置于(AUTO),扫描时间置于0.5 ms/DIV,此时在屏幕上应出现两条水平扫描基线。如果没有,可能原因亮度太暗,或是垂直、水平位置不当,应加以适当调节。

(2)用本机校准信号检查:将通道1输入端由探头接至校准信号输出端,按表3-1所示调节面板上开关、旋钮,此时在屏幕上应出现一个周期性的方波,如图3-11所示。如果波形不稳定,可调节触发电平(LEVEL)旋扭。如探头采用1∶1,则波形在垂直方向应占5格,波形的一个周期在水平方向应占2格,此时说明示波器的工作基本正常。

(3)观察被测信号:将被测信号接至通道1输入端,(若需同时观察两个被测信号,则分别接至通道1、通道2输入端),面板上开关、旋钮位置参照上表,且适当调节VOLTS/DIV、TIME/DIV,LEVEL等旋钮,使在屏幕上显示稳定的被测信号波形。

表3-1 用校准信号检查时,开关、旋钮的位置

控制键名称	作用位置	控制键名称	作用位置
亮度 INTENSITY	中间	输入耦合方式 AC-GND-DC	AC
聚焦 FOCUS	中间	扫描方式 SWEEP MODE	自动
位移(三个)POSITION	中间	触发极性 SLOPE	+
垂直工作方式 VERTICAL MODE	CH1	扫描时间 TIME/DIV	0.5ms
电压灵敏度 VOLTS/DIV	0.1V	触发源 SOURCE	CH1
微调拉×5(×10) VARIABLE PULL×5(×10)	顺时针到底		

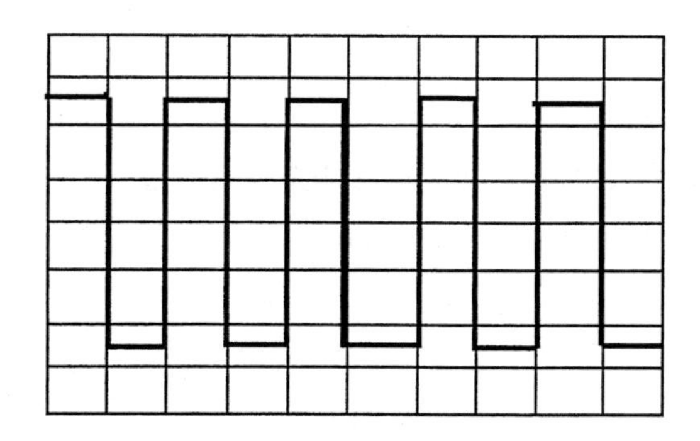

图 3-11　用校准信号检查

二、SS7804/7810 型示波器简介

SS7804 型示波器是由日本岩崎公司生产的带有 CRT 读出功能的 40 MHz 带宽模拟双踪示波器。由于带有 CRT 读出功能，所以能够方便、准确地进行电压幅度、频率、相位和时间间隔等的测量。示波器的面板上的波段开关大多使用电子开关(不是机械开关)，从而免除了由于操作不当造成的机械损坏。除了电源开关为自锁式机械开关外，面板上其他开关均为触点开关，其所处状态均显示于示波器的屏幕上。

(一) SS7804 型示波器的主要性能指标

1. Y 轴偏转系统

(1)显示方式：显示方式有 1 通道(CH1)或 2 通道(CH2)的单踪显示；1 通道(CH1)和 2 通道(CH2)的双踪显示；两通道相加(ADD)的波形显示(这时 1 通道的波形不显示)。双踪显示时有交替(ALT)和断续(CHOP)两种显示模式(CHOP 模式时，转换速率为 555 kHz)。

(2)耦合方式：有交流耦合(AC)和直流耦合(DC)两种耦合方式。

(3)灵敏度：范围从 2 mV/DIV 到 5 V/DIV，按 1－2－5 步进分 11 挡，在每一挡内可以进行连续调节。

(4)精度：±2%。

(5)频带宽度：直流耦合时 0～40 MHz；交流耦合时 10 Hz～40 MHz。

(6)上升时间：$t_r \approx 8.75$ ns

(7)输入阻抗：输入电阻为 1 MΩ，输入电容为 25 pF。

使用仪器配备的探头 ×10 挡时输入电阻为 10 MΩ，输入电容为 22 pF。

(8)Y 轴允许最大输入电压：±400 V。

2. X 轴偏转系统

(1)扫描速率：100 ns/DIV 到 500 ms/DIV，按 1－2－5 步进分挡，在每一挡内可

以连续调节。

(2)扫描精度:<5%。

(3)扫描扩展:10 倍。

(二)SS7804 型示波器面板各部件的作用及使用方法

SS7804 型示波器的前面板如图 3-12 所示。分为屏幕显示调整、Y 轴偏转系统和 X 轴偏转系统三大部分。

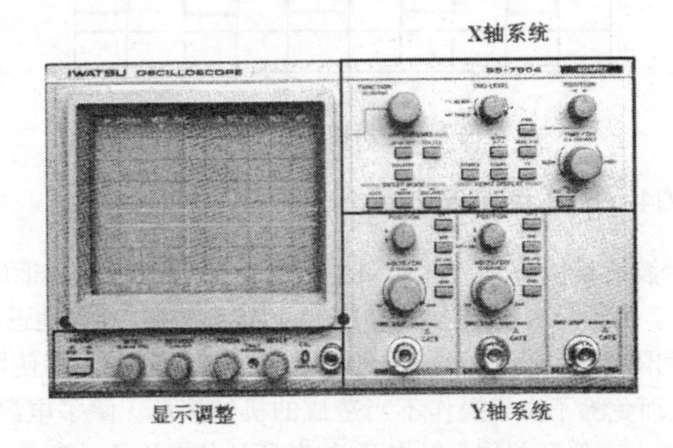

图 3-12 SS7804/7810 型示波器

1. 屏幕显示调整部分

屏幕显示调整部分如图 3-13 所示。各开关与旋钮的名称、作用如下:

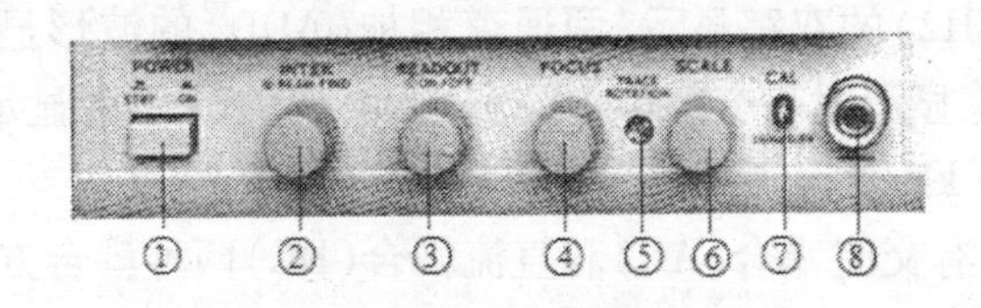

图 3-13 显示调整部分

①电源开关(POWER):此开关为自锁开关,按下此开关,接通仪器的总电源,再次按下即关断总电源。

②亮度调节旋钮/寻迹开关(INTEN/BEAM):此旋钮为一双功能旋钮。旋转此旋钮,可调节屏幕上扫描线的亮度。亮度调节旋钮的第二个功能为"寻迹",当扫描线偏离屏幕中心位置太远,超出了显示区域时,为判断扫描线偏移的方向,可将此旋钮按下,这时,扫描线便回到屏幕中心附近,之后再将扫描线调到显示区域内。

③屏幕读出亮度调节旋钮/开关(READOUT/ON/OFF):此旋钮为一双功能旋钮。旋转此旋钮,可调节屏幕上显示的文字、游标线的亮度。另外还作屏幕读出的开

关,按动此旋钮可以切换屏幕读出(“开”或“关”)。

④聚焦旋钮(FOCUS):用此旋钮调节示波管的聚焦状态,提高显示波形、文字和游标的清晰度。

⑤扫描线旋转调节(TRACE ROTATETION):调节扫描线的水平程度。

⑥“标尺”亮度(SCALE):用于调节屏幕上坐标刻度线的亮度。

⑦校准信号输出(CAL):此接线座输出幅度为0.6 V_{PP},频率为1kHz 的标准方波信号,用以校验 Y 轴灵敏度和 X 轴的扫描速度。

⑧接地端子:本接线柱接到示波器机壳。

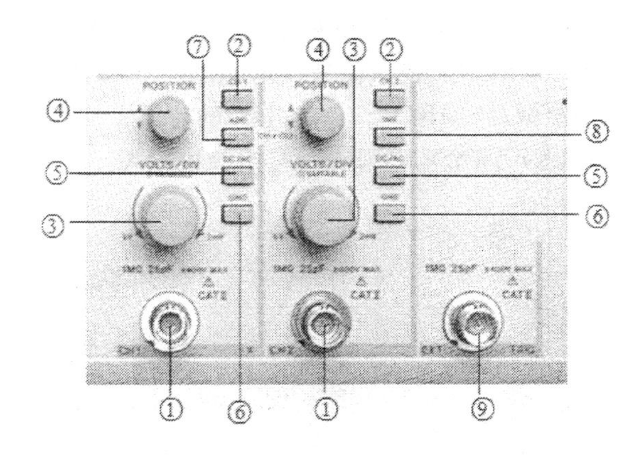

图 3-14　Y 轴偏转系统

2. Y 轴偏转部分

①信号输入端(CH1 或 CH2):被测信号由此端口输入,端口的输入电阻为 1 MΩ, 输入电容为 25 pF。

②通道选择按钮(CH1 或 CH2):此按钮可以选择所要观察的信号通道,可以设置为通道 1/通道 2 单踪显示方式及双踪显示方式,被选中的通道号在示波器屏幕的下端以“1:”或“2:”的形式显示出来。

③灵敏度调节旋钮(VOLT/DIV VARLABLE):该旋钮是一个双功能的旋钮,旋转此旋钮,可进行 Y 轴灵敏度的粗调,按 1 -2 -5 的挡次步进,灵敏度的值在屏幕上显示出来。按动一下此按钮,在屏幕上通道标号后显示出“ > ”符号,表明该通道的 Y 轴电路处于微调状态,再调节该旋钮,就可以连续改变 Y 轴放大电路的增益。注意,此时 Y 轴的灵敏度刻度已不准确,不能做定量测量。

④Y 轴位移旋钮(POSITION):此按钮可改变扫描线在屏幕垂直方向上的位置,顺时针旋转使扫描线向上移动,逆时针旋转使扫描线向下移动。

⑤输入耦合方式选择(DC/AC):用于选择交流耦合和直流耦合方式。当选择直

流耦合时,屏幕上的通道灵敏度指示的电压单位符号为“V”,当选择交流耦合时,屏幕上的通道灵敏度指示的电压单位符号为“ v ”。

⑥通道接地按钮(GND):将此按钮按下,即将相应通道的衰减器的输入端接地,以观察该通道的水平扫描基线,确定零电平的位置。输入端接地时,屏幕上电压符号“V” 的后面出现“⏚”符号。再按一次此符号消失。

⑦显示信号相加按钮(ADD):按动此按钮后,屏幕上显示出“1:500 mV +2:200 mV”的字样,这时屏幕上在1通道和2通道的波形的基础上,又显示出1通道+2通道的波形。

⑧倒相按钮(INV):按动此按钮后,屏幕上显示出“1: 500 mV +2:↓ 200 mV”的字样,这时2通道的显示波形是输入信号波形的倒相。如果同时也按动了“相加”按钮,则看到的相加波形就是“通道1” -“通道2”的波形。

⑨外触发输入口(EXT TRIG):外触发信号由此口输入。

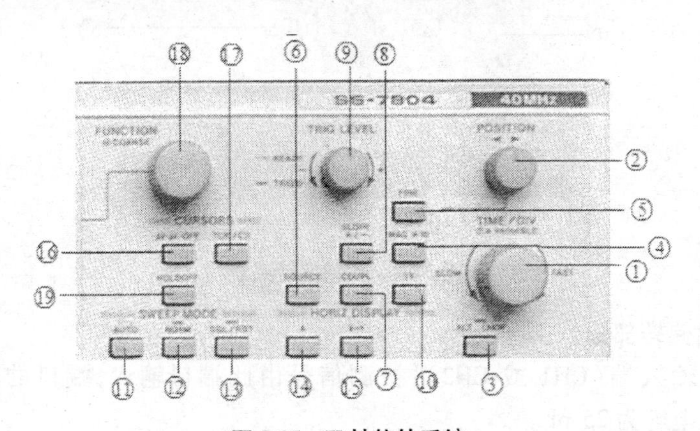

图 3-15 X 轴偏转系统

3. X 轴偏转系统

①扫描时间选择旋钮(TIME/DIV VARLABLE):该旋钮为一双功能旋钮。用该旋钮粗调扫描时间,按1-2-5的分挡步进,屏幕上每格所代表的扫描时间显示于屏幕的左上角,例如“A 10 μs”。若按动一下此按钮,在字符“A”的后面显示出“>”符号,表示X轴电路处于微调状态,再调节该旋钮,就可以连续调节X轴的扫描时间。此时X扫描时间刻度已不准确,不能做定量测量。

②X轴位移旋钮(POSITION):调节此旋钮可改变扫描线的左右位置,顺时针旋使扫描线向左移动,逆时针旋转使扫描线向右移动。

③扫描切换选择按钮(ALT CHOP):用以选择两通道的显示方式,即是交替扫描还是断续扫描。当按钮上方的指示灯灭时是处于交替(ALT)工作方式,指示灯亮时处于断续(CHOP)工作方式。一般,被观测信号的频率高时用交替(ALT)工作方式,

被观测信号的频率低时用断续(CHOP)工作方式。

④扫描扩展按钮(MAG×10):当此按钮按下时,在示波器屏幕的右下角出现“MAG”,此时光标在屏幕水平方向的扫描速度增大10倍,即每格代表的时间为原来的1/10。

⑤水平位置微调按钮(FINE):按动FINE后指示灯亮,可微调扫描线的水平位置。将位移旋钮调到头,扫描线就按一个方向缓慢移动,在扫描线移到合适位置后再将此旋钮往反方向微调一点扫描线即停住不动。

⑥触发源选择按钮(SOUCE):选择触发信号的来源。根据所观察信号的情况,可分别选择1通道(CH1)、2通道(CH2)、50 Hz交流电网(LINE)或外触发(EXT)作为触发信号的来源。触发源符号显示于屏幕上方。

⑦触发信号耦合方式选择按钮(COUPL):选择触发的耦合方式,共有AC、DC、HF-R(高频抑制)、LF-R(低频抑制)四种耦合方式。其中后两种耦合方式是在触发信号形成电路之前插入一个滤波电路,以抑制高频或低频成分。例如被观察的信号是一个叠加有高频干扰信号的低频信号,就可选高频抑制(HF-R)耦合方式抑制掉高频干扰成分。

⑧触发沿选择按钮(SLOPE):选择触发沿为“+”(上升沿),或“-”(下降沿)。

⑨触发电平调节旋钮(LEVEL):用来调节触发信号形成电路的触发电平(即阈值电平),从而决定电路是否能产生触发信号以及触发信号的起始相位,触发电平合适可以使波形稳定。

⑩全电视信号触发模式(TV):触发信号取自包含有行同步信号和场同步信号的全电视信号,触发信号由被测信号中的同步信号产生。共有不分奇偶场触发(BOTH)、奇数场触发(ODD)、偶数场触发(EVEN)、行同步触发(H)等方式,根据被观察的信号和观察的目的而定。

⑪自动扫描方式按钮(AUTO):该按钮按下,进入自动扫描方式,即不管有无触发信号均会显示出扫描线。这种扫描方式适合于测量频率在50 Hz以上信号。

⑫常态扫描方式按钮(NORM):该按钮按下,进入常态扫描方式。这种扫描方式是没有触发信号时就没有扫描线,适合于观察频率低于50 Hz的信号。

⑬单次扫描方式按钮(SGL/RST):按下该按钮后示波器处于单次扫描等待状态,这时“等待”(READY)指示灯亮,触发信号来到后开始一次扫描,扫描过后“等待”(READY)指示灯灭。

⑭正常扫描显示按钮(A):此按钮按下时,由示波器内部电路产生线性扫描信号。应该注意,当由“X-Y”显示方式返回到正常扫描时必须按此按钮。

⑮X-Y显示按钮(X-Y):按下此按钮后,1通道(CH1)的输入信号加到X轴,CH1或CH2或CH1+CH2的输入信号加到Y轴。用此功能,可方便地观测电路的滞回

特性、转移特性曲线等。

⑯游标切换按钮(ΔV－Δt－OFF):在利用游标测量电压幅度、时间间隔、相位等参量时,使用此按钮来选择测量对象,按动此按钮可依次选定测量电压(ΔV)(水平线游标)、测量时间间隔(Δt)(垂直线游标)和关闭游标。

⑰游标线选择按钮(TCK/C2):选择两条游标线中的一条或两条,依次为V－C1、V－C2、V－TRACK或H－C1、H－C2、H－TRACK。其中的"V"表示测量垂直方向的物理量,"H"表示测量水平方向物理量。"C1"、"C2"分别为第一条游标、第二条游标,"TRACK"为跟踪状态,即两条游标一起移动。被选中的游标线端部有一段短亮线,作指示用。

⑱功能/游标位移旋钮(FUNCTION COARSE):用于移动游标的位置。此旋钮有两种调节方式,一种是旋转方式,较精细地调整游标的位置,另一种是按动,进行步进调节(快速移动游标)。

⑲释抑调节按钮(HOLD OFF):按动此按钮后,即可通过调节功能旋钮调节释抑比。其值在示波器屏幕的右上角显示出来。

第四章　常用元器件的标识及测量

第一节　电阻元件

一、电阻的作用、符号及计量单位

电阻是“阻碍”电流大小的一种器件，其作用大致可分为降低电压、分配电压、限制电流和分配电流等。

电阻其电路符号是“—▭—”，用字母“R”表示。电阻的单位是欧姆，用字母“Ω”表示。并且规定电阻两端加 1 V 电压，通过它的电流为 1 A 时，定义该电阻的阻值为 1 Ω。实际应用中还有“kΩ”和“MΩ”，它们之间的换算关系是

$$1\ \text{M}\Omega = 10^{3}\ \text{k}\Omega = 10^{6}\ \Omega \quad \text{或者} \quad 1\ \Omega = 10^{-6}\ \text{M}\Omega = 10^{-3}\ \text{k}\Omega$$

二、电阻的种类和重要参数

电阻按照其结构可分为固定电阻和可调电阻（电位器）两大类。固定电阻的阻值是固定的一经制成不再改变。而可调电阻的阻值可以在一定范围内可调。

电阻的种类很多，常用的有绕线电阻、薄膜电阻、实心电阻等几种，其中又以薄膜电阻应用最为广泛，它是利用蒸镀的方法将具有一定电阻率的材料蒸镀在绝缘材料表面制成的，根据蒸镀的材料不同又可分为碳膜电阻（用“RT”标志）和金属膜电阻（用“RS”标志）。一般家电产品中大多采用碳膜电阻。

电阻的主要参数有标称值、阻值误差及额定功率。电阻器的标称阻值和误差一般直接用数字或色环标注在电阻体上。用色环标注电阻器的准确度和标称值，这是当前最常用的标注方法，它已成为国际上通用的一种方法，我国也开始采用，以后将成为一种统一的标注方法，因此我们应该学会识别这种电阻。色环电阻如图 4-1 所示。靠近电阻的一端画有四道色环，第 1,2 道色环表示电阻值的前两位有效数字，第 3 道色环表示乘以 10 的幂次数，第 4 道色环表示容许误差。表 4-1 列出了色环所代表的数字大小。

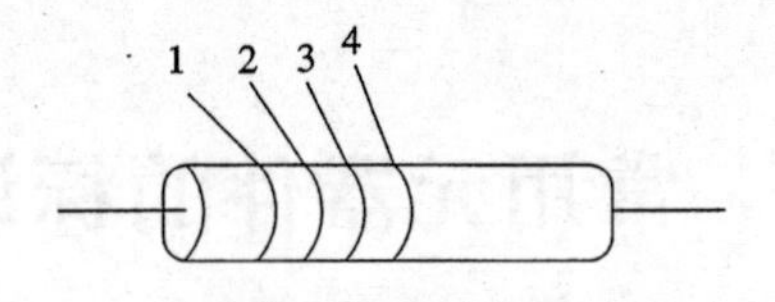

图4-1 色环电阻

表4-1 色环数字对照表

色别	黑	棕	红	橙	黄	绿	蓝	紫	灰	白	金	银	本色
对应数值	0	1	2	3	4	5	6	7	8	9			
误差											±5%	±10%	±20%

如果图4-1所示电阻的第1道色环为红色,第2道为绿色,第3道为黄色,第4道是本色,则立刻就能识别出此电阻的图4-1色环电阻阻值为250 KΩ,容许误差是±20%。精密电阻用5条色环表示标称值及误差。

电阻的额定功率是指在规定的气压、温度条件下,电阻长期工作所允许承受的最大功率。额定功率的单位是瓦"W"。电阻按照功率可分为1/8 W、1/4 W、1/2 W、1 W、2 W、5 W、10 W等,一般额定功率越大电阻的体积也越大。

第二节 电容元件

一、电容的作用、符号与种类

电容是由两块互相靠近而又彼此绝缘的金属片构成的。这两块金属片称为电容器的两个电极,中间的绝缘材料称为绝缘介质。电容器是一种贮能组件,贮存的是电能。由于电容器具有阻止直流电通过而允许交流电通过的特性,因而在电路中常用于隔直流、交流耦合、滤波等场合;它同另一贮能组件电感组成谐振回路起信号调谐和选频作用。

电容按其结构可分为两大类,即固定电容和可变电容。固定电容器是指电容一经制成后,其电容量不可改变的电容。固定电容分无极性和有极性两种。

无极性电容是指电容的两金属电极没有正负之分,使用时两极可以交换连接。无极性电容在电路中用"C"表示,符号为"—┤├—"。无极性电容的种类很多,按绝缘介质分为纸介电容、瓷片电容、云母电容、涤纶电容、聚苯乙烯电容等。瓷片电容和涤纶电容应用最为广泛。

有极性电容是指电容的两极有正负之分,使用时一定要正极端接电路的高电位,

负极性接电路的低电位,否则会引起电容器的损坏。有极性电容亦称为电解电容,

其电路符号为"—|▯|—"或"+—| |—",也可用字母"C"表示。电解电容按电极材料的不同可分为铝电解电容和钽电解电容等。其中又以铝电解电容器用得最多,它的最大特点是体积小、容量大、成本低。

二、固定电容的主要参数

固定电容的主要参数有三个,即电容量、额定直流电压(耐压)和允许误差。

电容的电容量是指加上电压后它贮存电荷的能力大小。相同电压下,贮存的电荷越多电容量越大。度量电容量大小的单位是"法拉",简称"法",用字母"F"表示。由于这个单位太大了,实际使用中更多的使用"微法"、"纳法"和"皮法",分别用"μF"、"nF"和"pF"表示,它们之间的关系是 $1\ \text{F} = 10^6\ \mu\text{F} = 10^9\ \text{nF} = 10^{12}\ \text{pF}$

一般电解电容器的容量、耐压和极性都直接标注在外壳上,而无极性电容的标注方法较多,有直接标出电容和单位的,也有省去字母"F"和小数点的,如 470 n 代表 470 nF 即 0.47 μF,3 能表示 3.3 nF 即 3 300 pF,5 p1 表示 5.1 pF 等。还有的只标数字不标单位,可以默认单位为 pF,数字共三位,前两位表示电容的有效数字,第三位数字表示有效数字的倍乘次数。例如 151 表示 $15 \times 10^1 = 150$ pF,333 表示 $33 \times 10^3 = 33\ 000$ pF $= 0.033$ μF。

电容的额定电压是指电容长期工作所允许承受的最高直流电压。应用时绝对不允许超过这个电压,且应留有一定的余地。

电容的误差是指它的实际值和标称值的偏差与标称值的百分比。电容的误差通常分为三个等级,即Ⅰ级(误差 ±5%)、Ⅱ级(误差 ±10%)、Ⅲ级(误差 ±20%),分别用字母"J"、"K"、"M"表示。

三、电容的检测与使用

电容器的好坏及质量的优劣通常可用万用表的高阻挡来定性判断,其方法是将万用表置于高阻挡,将两只万用表接触电容器两引出端,表针立即向小阻值侧摆动,然后慢慢回到"∝"处,接着迅速交替表笔在测一次,观察表针摆动幅度,摆幅越大说明大电容量越大。表针最后指示回不到"∞"处,表明存在漏电现象,最后指示的阻值越小,漏电越严重,质量也就越差。若表针根本不摆动,表明电容失去容量。由于万用表本身的局限性,在测小电容时,表针可能不摆动,而在测容量较大的电解电容时,由于其本身漏电较大,表针可能不能回到"∞"处。最好用电容表来测量电容。

在实际应用中,电容的常见故障是短路、开路、漏电和容量减小等几种。不管是哪种情况,都需要用新的代替。代替的原则既要保证容量基本相同,又要保证耐压相同或高于原电容,一般来说有极性电容不能替代无极性电容。

第三节　电感元件

一、电感的定义和分类

电感(Inductor)(电感线圈)是用绝缘导线(例如漆包线、纱包线等)绕制而成的电磁感应元件,也是电子电路中常用的元器件之一。电感在电路中用“L”表示,电路符号为“—ᗰᗰᗰ—”。

电感的分类:

按电感值分类:固定电感、可变电感。

按导磁体性质分类:空芯线圈、铁氧体线圈、铁芯线圈、铜芯线圈。

按工作性质分类:天线线圈、振荡线圈、扼流线圈、陷波线圈、偏转线圈。

按绕线结构分类:单层线圈、多层线圈、蜂房式线圈。

二、电感的主要参数及识别

1. 电感量 L

电感量 L 也称作自感系数,是表示电感元件自感应能力的一种物理量。感应电流总是阻碍磁通量的变化,犹如线圈具有惯性,这种电磁惯性的大小就用电感量 L 来表示。

L 的大小与线圈匝数、尺寸和导磁材料均有关,采用硅钢片或铁氧体作线圈铁芯,可以较小的匝数得到较大的电感量。L 的基本单位为 H(亨),实际用得较多的单位为 mH(毫亨)、μH(微亨)和 nH(纳亨),它们的换算关系为 $1\ \text{H}=10^3\ \text{mH}=10^6\ \mu\text{H}=10^9\ \text{nH}$。

2. 感抗 X_L

感抗 X_L在电感元件参数表上一般查不到,但它与电感量、电感元件有关,计算公式为 $X_L=2\pi fL$。不难看出,线圈通过低频电流时 X_L 小。通过直流电时 X_L为零,仅线圈的直流电阻起阻力作用,因电阻一般很小,所以近似短路。通过高频电流时 X_L大,若 L 也大,则近似开路。线圈的此种特性正好与电容相反,所以利用电感元件和电容器就可以组成各种高频、中频和低频滤波器,以及调谐回路、选频回路和阻流圈电路等等。

3. 品质因数 Q

品质因数表示电感线圈品质的参数,亦称作 Q 值或优值。线圈在一定频率的交流电压下工作时,其感抗 X_L和等效损耗电阻之比即为 Q 值,表达式如下:$Q=2\pi fL/R$。由此可见,线圈的感抗越大,损耗电阻越小,其 Q 值就越高。Q 的数值大都在几十至几百，Q 值越高，电路的损耗越小，效率越高。

4. 直流电阻（DCR）

即电感线圈自身的直流电阻，可用万用表或欧姆表直接测得。

5. 额定电流（Rated Current）

通常是指允许长时间通过电感元件的直流电流值。在选用电感元件时，若电路流过电流大于额定电流值，就需改用额定电流符合要求的其他型号电感器。

三、电感的作用：滤波、储能

滤波：在电源电路中作为滤波电感，阻止交流成分通过，让直流通过。

储能：利用电磁转换原理

四、电感的检测与代用

电感测量可使用万用表，将万用表打到蜂鸣二极管挡，把表笔放在两引脚上，看万用表的读数。

对于电感线圈匝数较多，线径较细的线圈读数会达到几十到几百，通常情况下线圈的直流电阻只有几欧姆。损坏表现为发烫或电感磁环明显损坏，若电感线圈不是严重损坏，而又无法确定时，可用电感表测量其电感量或用替换法来判断。

电感线圈必须原值代换（匝数相等，大小相同）；贴片电感只需大小相同即可，还可用 0 欧电阻或导线代换。

第四节　半导体二极管

一、二极管的类型、电路符号和特性

二极管的种类很多，按半导体材料分有硅二极管和锗二极管；按工作频率分有低频二极管和高频二极管；按用途分有整流二极管、稳压二极管、开关二极管、检波二极管以及变容二极管等。由于用途的不同，它们在性能上有较大差异，使用时应引起注意。二极管的电路符号为“—▷|—”，并用字母“D”代表。

二极管是由一块 P 型半导体和一块 N 型半导体紧密结合在一起而成，在它们交界处形成一个特殊薄层，称为 PN 结。PN 结的重要特性是“单向”导电特性，一般二极管的正极接 P 型半导体，负极接 N 型半导体，当把电源的正极与 P 型半导体相连，负极与 N 型半导体相连，我们称这种连接方式为“正向接法”，相当于给二极管两端加上正向电压，这时 PN 结中有较大的电流流过，二极管处于导通状态；当“反向连接”时，即电源正极接 N 型半导体，负极接 P 型半导体，相当于给二极管加上反向电压,此时 PN 结内几乎无电流流过,二极管处于截止(接近开路)状态。

具有整流、检波和开关使用的二极管都是利用 PN 结的单向导电特性来工作的,这类二极管在电子线路中应用最为广泛。二极管的型号多数都直接标注在管壳上,其正负极性也采用色标标注在管壳上,靠近色标(色环或色点)的引脚为负极,也有直接使用二极管符号标注的。

二、二极管的主要参数

1. 最大平均整流电流 I_F

I_F是二极管长期运行时允许通过的最大正向平均电流,使用时通过二极管的电流不能大于 I_F,否则将导致二极管损坏。

2. 反向击穿电压 U_B

使二极管反向电流急剧增加的最小反向电压称为二极管反向击穿电压。实际工作电压若小于 U_B时,二极管截止,大于 U_B时,二极管击穿。击穿后虽然二极管两端电压等于 U_B但电流很大,这时若无限流电阻,将损坏二极管。

3. 最大反向工作电压 U_R

通常规定反向击穿电压的一半为二极管的最高反向工作电压,即 $U_R=0.5U_B$。

4. 反向饱和电流 I_s

反向饱和电流是指二极管处于反向截止状态下的电流,I_s 越小说明二极管的单向导电性能越好。必须指出,I_s 在一定范围内与加在其两端的反向电压无关,但与温度有密切关系。还有,鍺材料二极管的 I_s 比硅材料的 I_s 大。

5. 直流电阻 R_D与交流电阻 r_D

二极管的直流电阻是指加在二极管两端的固定直流电压与由该电压所产生的固定直流电流之比。同一只二极管的直流电阻并不是定值,当条件不同时,所得到的直流电阻值也不同,这正是万用表的不同电阻挡测得二极管直流电阻不同的原因。

二极管的交流电阻是指所加电压的变化量与由此引起的电流变化量之比。二极管的交流电阻与直流电阻是不同的。一般来说,交流电阻要比直流电阻小得多。交流电阻也与工作状态有关,当二极管的工作电流加大,则交流电阻相应减少。

三、二极管的检测

二极管的好坏和质量的优劣可以利用二极管本身的单向导电特性来进行粗略判断,方法是将万用表置于电阻挡($R\times1$ k),用黑表笔接触二极管的正极,红表笔接触二极管负极,测二极管的正向电阻,正常应很小(几百欧姆到几千欧姆),然后用万用表黑表笔接触二极管的负极,红表笔接触二极管正极,测二极管的反向电阻,正常应很大(接近$\propto$)。如果二极管的正、反向电阻都很大或很小,或者正、方向电阻的差也很小，均表明该二极管已经损坏不能使用。由于万用表的黑表笔接表内电源的正极，红表笔接电源的负极，因此我们可以方便的判断出二极管的极性，即当二极管正向导通时，接触的一端为正极。

锗材料二极管的正向电阻比硅材料二极管要小，而它的反向电阻也不够大(几百千欧)，这点在测量时应注意。如果测硅材料二极管时，其反向电阻只有几千千欧，表明该二极管性能较差，最好不要使用。另外，在测稳压管时不要使用万用表的高阻挡，因为万用表高阻挡内附电池电压较高，如果超过稳定电压会使测量的正反向电阻都较小，造成误判断。

二极管的主要参数可查阅晶体管手册或用专用的仪器测得。如果发现二极管损坏，最好使用同型号的替换，也可使用主要参数相近，用途相同的二极管代换。

第五节　半导体三极管

一、三极管的结构与分类

半导体三极管是各种电子设备中的核心组件，如同半导体二极管一样，半导体三极管也是由 PN 结构成的，不同的是它有两个 PN 结，我们把其中一个 PN 结称为“发射结”，另一个称为“集电结”。三个不同的区称为“发射区”、“基区”和“集电区”。而把与这三个区相连接的引出端称为“发射极”、“基极”和“集电极”，并通常用小写字母“*e*”、“*b*”和“*c*”表示。

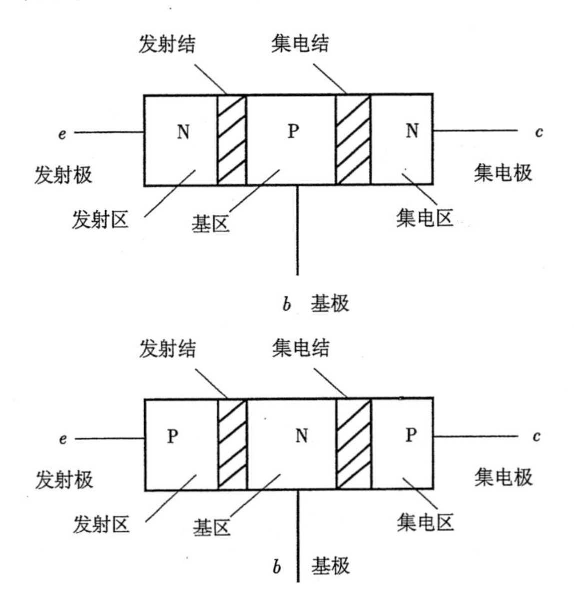

由于构成三极管的三块半导体的交错排列不同，就有 NPN 管和 PNN 管之分，这两种三极管的主要区别主要是内部电流方向不同。

三极管的种类很多，除了上面提到的按结构分为 PNP 管和 NPN 管外；按制作材料分还可分为硅三极管和锗三极管，而每一种都有 PNP 管和 NPN 管两种类型。但如果按应用范围来分，有低频管、高频管、小功率管、中功率管和大功率管，此外还有自动调整增益的 AGC 管等。

三极管的突出特点是在一定条件下具有电流放大作用。三极管在电路中的工作状态可分为三个区，即截止区、放大区和饱和区，三极管作为放大管运用时必须工作在放大区。

二、三极管的主要参数

1. 电流放大倍数 β

电流放大倍数是反映三极管电流放大能力的一个基本参数。由于三极管的特性曲线并不是线性的，因此电流放大倍数的大小与管子的直流工作点有关。通常当集电极电流很小时，β 值小。此外，由于制作工艺上的原因，即使是同一型号的三极管，其 β 值也有较大的差别。不过合理地设计放大电路，β 值的差别对放大器的性能影响是不大的。

2. 极限参数

三极管的极限参数是它安全运用的参数，常用的有三个，即最大允许电流 I_{CM}、最大允许耗散功率 P_{CM} 以及反向击穿电压 BV_{CEO}。

最大允许电流是当集电极电流大到使 β 值下降为正常数值的 1/3 或 2/3 时，固定为三极管的最大允许电流。

三极管 c，e 两端电压与通过电流的乘积就是三极管消耗的功率 P，功率消耗最终转化为热能使三极管升温，在安全温度下工作的最大功率就是 P_{CM}。大功率三极管必须按规定安装散热片，否则将因过热而损坏。

由于三极管的集电结承受的是反向电压，电源电压的大部分（特别是基极断开时）都加在集电结两端，与二极管类似，反压过高会导致 PN 结击穿。BV_{CEO} 就是在基极断开情况下，三极管的集电极与发射极之间所允许施加的最大电压，三极管工作时的瞬间电压不允许超过这个值。

3. 特征频率 f_T

当 β 值下降到 1 时所对应的频率称为特征频率。当工作频率超过 f_T 后，三极管不再有电流放大呢你。一般规定 $f_T > 3$ MHz 的三极管为“高频管”，$f_T \leqslant 3$ MHz 的三极管为“低频管”，实际使用时，可以使用高频管代替低频管。

三、三极管的检测和代用

三极管是由两个 PN 结构成的,我们也可以用测量二极管的方法初步判断三极管的好坏。应该注意的是,对于一般的小功率三极管,不要用万用表的 $R\times10\text{k}$ 挡测量,因为该挡表内的电池电压都较高,容易损坏管子。还有对于三极管的 c,e 极间电阻应越大越好,一般小功率锗材料三极管大于数 kΩ,硅材料的要大于数百 kΩ,才能使用。

利用万用表也可以判断三极管的极性和类型。用万用表的 $R\times100$ K 挡测量三极管的三个电极中每两个极之间的正反向电阻,当用第一根表笔接某一电极,而第二根表笔先后接另外两个电极均测得低电阻值时,则第一根表笔所接的那个电极即为基极。如果黑表笔接基极,红表笔分别接在其他两极时,测得阻值都较小,则可确定三极管为 NPN 型,反之则为 PNP 型。在确定被测三极管的基极和类型后,在剩下的两个管脚中先假定一个为集电极,另一个为发射极,插入万用表对应的 $\beta(h_{FE})$ 值测量管座中,测量三极管的 β 值,并记住表针读数。然后把刚才的集电极、发射极对换一下(基极位置不变),再测 β 值。比较两次测量结果,其中表针偏转角度大(β 值读数大)的那次集电极、发射极位置是正确的,即万用表测量管座上所标注的极性就是被测管的正确极性。

三极管的型号一般都标注在管壳上,其管脚排列也是有规定的。三极管损坏后最好使用同型号管替换,若使用其他型号的管子代用应符合三条基本原则:代用管材料和类型应与原管相同;主要特性参数应与原管相似;其外形与原管相近。还应指出的是性能相近的三极管型号非常多,代用时应特别注意代用管的管脚极性排列是否与原管一样。

第二编　电路基础实验

实验一　电路中电位的研究

一、实验目的

1. 通过实验加深学生对电位、电压及其相互关系的理解。

2. 通过对不同参考点电位及电压的测量和计算,加深学生对电位的相对性及电压与参考点无关性质的认识。

3. 了解等电位点的概念。

二、实验仪器及设备

1. 晶体管直流稳压电源	1 台
2. 万用表	1 块
3. 直流电流表	1 块
4. BCA - Ⅰ型电路分析综合实验仪	1 台

三、实验原理及说明

1. 参考点

电路中的参考点(或称接地点)是任意选定的。实际上它是一个公共点,它的电位可以任意指定(一般指定为零)。电路中某点的电位就等于该点与参考点之间的电压值。由于所选参考点的不同,电路中各点的电位值将随着参考点的不同而不同,即电位是一个相对的物理量,电位的大小和极性与所选参考点有关。

2. 电压

指电路中任意两点间的电位差值。它的大小和极性与参考点的选择无关,一旦电路结构及参数一定,电压的大小和极性即为定值。

3. 电位的升高与降低

在电路中,电阻上的电位是沿着电流方向逐渐降低的。对电源的电动势,若电动势的方向与电流方向一致，则电位沿电流的方向升高。否则电位是降低的。如果从电路的某点出发，沿着循行方向电位不断改变，当循行一周回到该点时，电位又重新恢复到原来出发处的数值。

4. 等电位点

电路中电位相等的点称之为等电位点。在直流电路中，在电阻两端保持一定的电位差是电流流通的必要条件，如果在电路中某两点间电位差为零，则用导线将这两等电位点连接时，导线将无电流流过，而且这种连接不会改变电路中各处的电流分布及大小。

5. 测电位

测量电位时，应将电压表"负表笔"接在电位参考点上，将"正表笔"分别与被测电位点相接触。若电压表指针正向偏转则电位为正值；若电压表指针反向偏转，则应调换表笔两端，此时电压表读数为负值，即该点电位为负。测量电路电压时，电压表的"负表笔"应接在电压符号角标的后一个字母所表示的点上。例如：测量电压 U_{AB} 应将"负表笔"接在 B 点，"正表笔"接在 A 上。若指针正向偏转，读数为正值；若指针反向偏转，倒换正、负表笔位置，读数为负值。

若用数字万用表测量电位，则将万用表放在直流电压挡，"黑表笔"接在电位参考点上，将"红表笔"分别与被测电位点相接触。

6. 电位图

在电路中参考电位点可任意选定，对于不同的参考点，所绘出的电位图形是不同的，但其各点电位变化的规律却是一样的。电路电位图的绘制方法：电路中各点位置作横坐标，将测量到的各点对应电位作纵坐标，将各点电位标记于坐标中，并把标出点用线段按顺序相连，即得到电路电位变化图。每一段直线段即表示该两点间电位的变化情况。

四、实验内容及步骤

1. 按图 1-1 接线。在接入电源 E_1、E_2 之前，应将直流稳压电源的输出"细调"旋钮调至最小值，然后打开开关，调节电压输出，$E_1=6$ V，$E_2=3$ V。

2. 测电位：以 e 为参考点，测出 a、b、c、d、e 各点电位及每二点之间的电压 U_{ab}、U_{bc}、U_{cd}、U_{de}、U_{ea}，测量值填入表 1-1 中。

3. 以 c 为参考点，测出 a、b、c、d、e 各点电位及每二点之间的电压 U_{ab}、U_{bc}、U_{cd}、U_{de}、U_{ea}，测量值填入表 1-1 中。

4. 测定等电位点：将电压表的一端接在 e 点，另一端接在电位器的滑动点上（M 点），调节电位器使电压表的指示逐渐减小到零，则此时 M 点的电位与 e 点电位相同，即 M、e 为等电位点。测出 R_{Mc} 的值。以 M 为参考点，测出 a、b、c、d、e 各点电位及

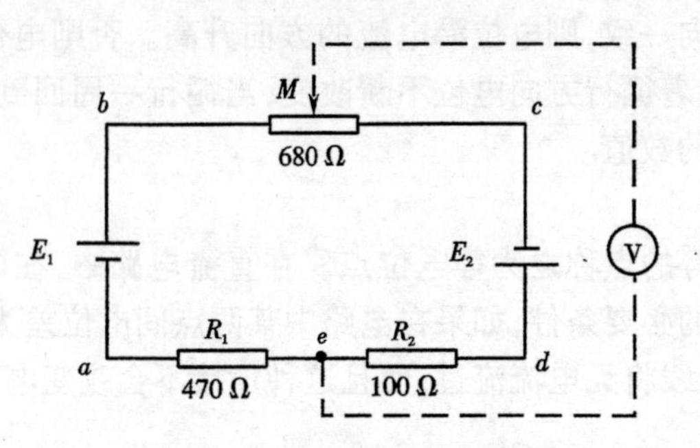

图 1-1 电位研究实验电路图

每二点之间的电压 U_{ab}、U_{bc}、U_{cd}、U_{de}、U_{ea}，测量值填入表 1-1 中，并与步骤 1 测得的数据相比较，看是否对应相等，为什么？

5. 把电压表换成电流表接在 M 和 e 两点之间，观察表的示数的变化，并说明为什么？

表 1-1

电位参考点	项目	a	b	c	d	e	U_{ab}	U_{bc}	U_{cd}	U_{de}	U_{ea}	$\sum U$
e	计算值											
	测量值											
	相对误差											
c	计算值											
	测量值											
	相对误差											
M ($V_M = V_e$)	计算值											
	测量值											
	相对误差											
电阻 R_{MC} =												

注：$\sum U = U_{ab} + U_{bc} + U_{cd} + U_{de} + U_{ea}$

五、预习思考题

1. 在电路图上，参考点为什么可以任意选定，参考点是否一定要与大地相连接？
2. 理论计算一下图 1-1 所需要测量的各电位值。

六、实验报告

1. 将实验数据按表格 1-1 的要求填上。
2. 计算相对误差：相对误差 $=\frac{\text{测量值}-\text{计算值}}{\text{计算值}}\times 100\%$
3. 说明电压与电位之间的关系，并分析参考点的选择对电位和电压的影响。
4. 根据实验数据，绘制三个电位图。

实验二　伏安特性的测试

一、实验目的

1. 掌握线性和非线性电阻元件伏安特性的测试技能，并加深对伏安特性的理解。
2. 掌握电源伏安特性的测试方法，了解电源内阻对伏安特性的影响。

二、实验仪器及设备

1. *BCA*－Ⅰ型实验仪	1 台
2. 直流电流表	1 块
3. 万用表	1 块
4. 直流稳压电源	1 台

三、实验原理及说明

1. 电阻元件

电阻元件是一种对电流呈现阻力的元件，有阻碍电流流动的性能。当电流通过电阻元件时，必然要消耗能量，就会沿着电流流动的方向产生电压降，它的大小等于电流的大小与电阻的乘积，这一关系称为欧姆定律

$U = IR$（前提为电压 U 和电流 I 的参考方向相关联）

2. 电阻元件的分类

线性电阻元件：电阻元件 R 的值不随电压或电流大小的变化而改变，电阻 R 两端的电压与流过它的电流成正比例。

非线性电阻元件：不符合上述正比例关系的电阻元件。

3. 伏安特性

电阻元件的特性用其电流和电压的关系图形来表示，这种图形称为此元件的伏安特性曲线。

线性电阻元件的伏安特性曲线为一条通过坐标原点的直线，该直线的斜率为电阻值。

非线性电阻元件的伏安特性是一条曲线。元件不同则曲线也不同，常见的非线性电阻有热敏电阻、二极管、稳压管等，它们的伏安特性分别如图 2-1 至图 2-4 所示。

对比线性电阻和非线性电阻的伏安特性：线性电阻的伏安特性对称于坐标原点，

这种性质称为双向性;而非线性电阻的伏安特性对坐标原点来说是非对称的,又称非双向性;二极管的正向电阻很小而反向电阻很大,称之为单向导电性。

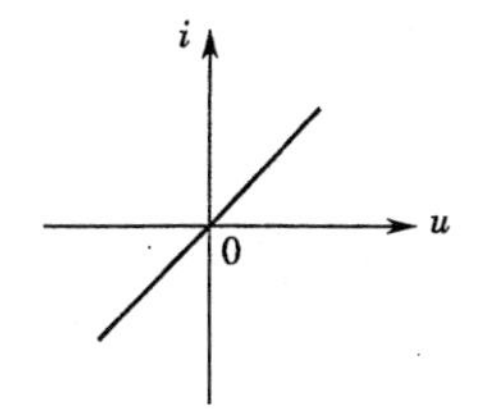

图 2-1　线性电阻的伏安特性

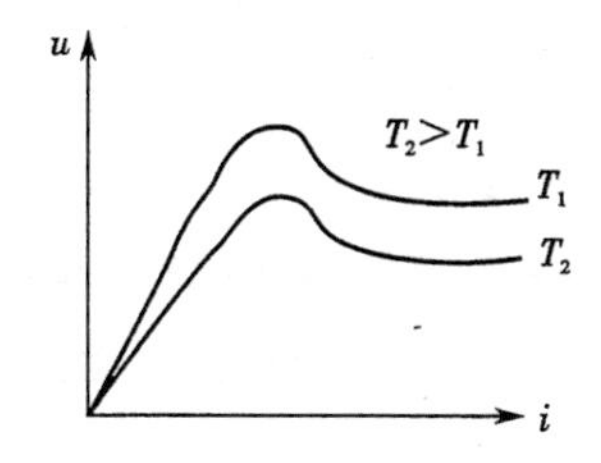

图 2-2　热敏电阻伏安特性

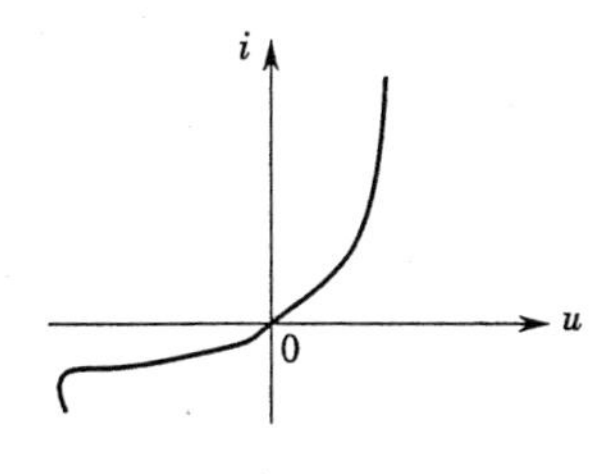

图 2-3　二极管的伏安特性

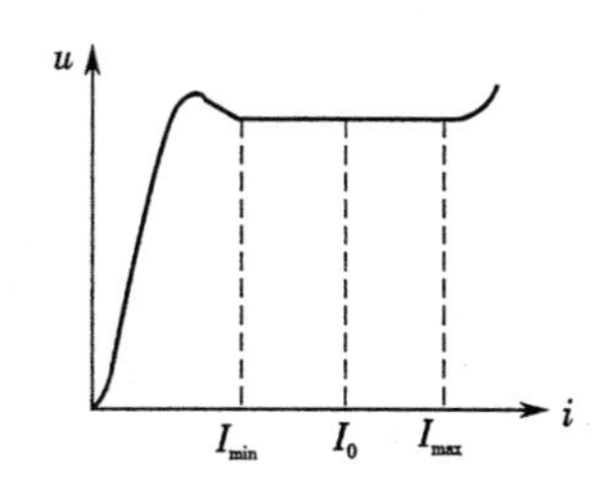

图 2-4　稳压管的伏安特性

4. 电压源的伏安特性

理想电压源的输出电压 U_S与流过电源的电流大小与方向无关,其伏安特性如图 2-5 中曲线 a 所示。实际电压源由于内阻 R_S存在,电压源的输出电压不再保持常数,其关系式为

$$U = U_S - R_S I$$

图 2-5　电压源的伏安特性曲线

其伏安特性如图 2-5 中曲线 b 所示。显然 R_S越大,则直线的斜率越大。

理想电压源的内阻为零,而实际电压源总存在着内阻,只是内阻很小。为了说明电压源内阻对其伏安特性的影响,本实验采用稳压电源与电阻串联作为具有内阻的电压源,改变串联电阻值即改变了电压源的内阻,从而得到不同内阻的电压源的伏安特性。

四、实验内容及步骤

1. 测定线性电阻的伏安特性

实验电路如图 2-6 所示，分别取 $R = 100\ \Omega$，$R = 1\ \text{k}\Omega$ 为被测元件，按图 2-6 接线，经检查无误后，打开直流稳压电源开关，依次调节直流稳压电源的输出电压为表 2-1 中所列数值，并将相对应的电流值记录在表 2-1 中。

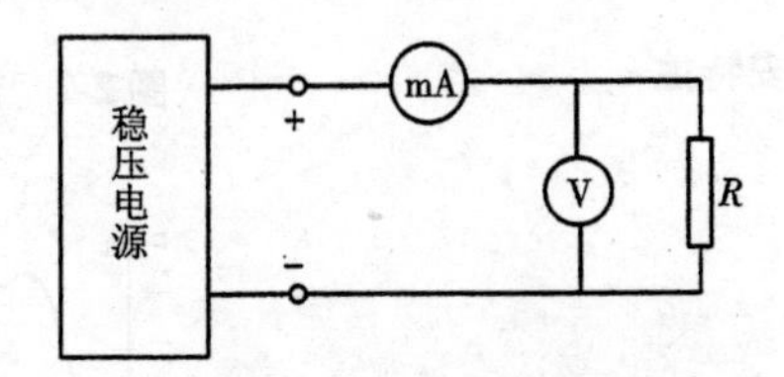

图 2-6　电阻实验电路图

表 2-1

	U/V	0	1	2	3	4	5	6
$R = 100\ \Omega$	I/mA							
$R = 1\ \text{k}\Omega$	I/mA							

2. 测量二极管的伏安特性

按图 2-7 接好线路，其中 $R_1 = 50\ \Omega$，经检查无误后，开启稳压电源，输出电压调至 2 V。调节可变电阻器 R，使电压表读数分别为表 2-2 中数值，并将相对应的电流表读数记于表 2-2 中，为了便于作图，在曲线弯曲部分可适当多取几个测量点。

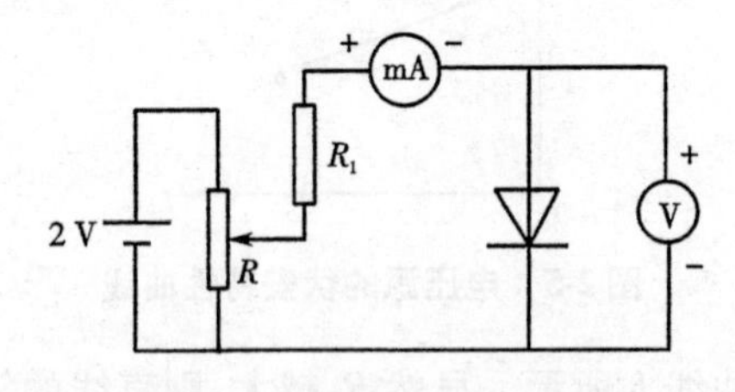

图 2-7　二极管实验电路图

表 2-2

U/V	0	0.1	0.2	0.3	0.4	0.5	0.55	0.6	0.65	0.7	0.75
I/mA											

3. 测小灯泡灯丝的伏安特性

按图 2-8 接好线路。经检查无误后，打开直流稳压电源开关。依次使电压表的读数为表 2-3 所列数值，并将相对应的电流值记录在表 2-3 中。

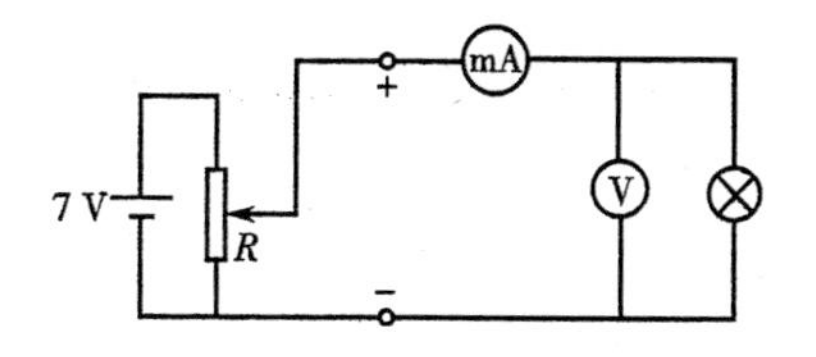

图 2-8　小灯泡实验电路图

表 2-3

U/V	0	0.4	0.8	1.2	1.6	2	3	4	5	6	7
I/mA											

4. 测量电压源的伏安特性

按图 2-9 接线，保持稳压电源输出电压 U_S 为 6 V，R_S 分别等于 0 Ω 和 100 Ω，调节 R_L，使电流表读数为表 2-4 中的 I 值，将测量结果记录在表 2-4 中。

表 2-4

R_S = 0 Ω	I/mA	10	20	30	40	50
	U/V					
R_S = 100 Ω	I/mA	10	20	30	40	50
	U/V					

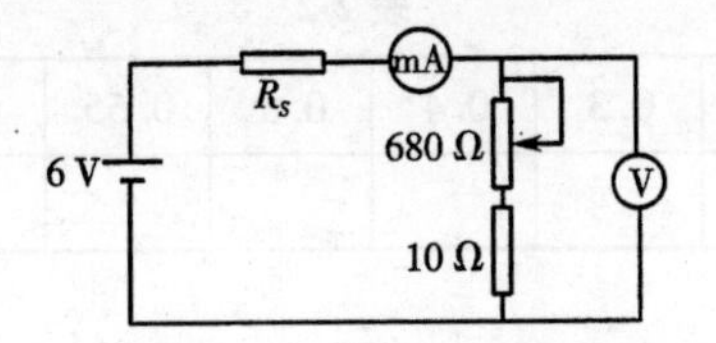

图 2-9　电压源的伏安特性

五、预习思考题

1. 试分析伏安法测电阻内接法和外接法两种接法的适用范围?

2. 预习被测元件伏安特性的大致形状。

六、实验报告

1. 填好实验中所测得的各数据表格。

2. 根据实验中所得数据,在坐标纸上绘制两个线性电阻,二极管,小灯泡,电压源的伏安特性曲线。

3. 分析实验结果,并得出相应结论。

4. 通过比较线性电阻与灯丝的伏安特性曲线分析这两种元件的性质有什么不同?

5. 什么叫双向元件? 白识灯丝是双向元件吗?

实验三　基尔霍夫定律和叠加原理

一、实验目的

1. 通过实验验证基尔霍夫定律和叠加原理，巩固所学理论知识。
2. 加深对参考方向概念的理解。

二、实验仪器及设备

1. BCA－Ⅰ型实验仪	1台
2. 万用表	1块
3. 晶体管直流稳压电源	1台

三、实验原理及说明

1. 基尔霍夫定律

它是电路理论中最基本也是最重要的定律之一，它包括基尔霍夫电流定律和基尔霍夫电压定律。

(1)基尔霍夫电流定律(KCL)

电路中任意时刻流进(或流出)任一节点的电流的代数和等于零，即$\sum I=0$。

此定律阐述了任一节点上各支路电流间的约束关系，这种关系与支路上元件的性质无关，不论元件是线性的或非线性的，含源的或无源的、时变的或非时变的。

(2)基尔霍夫电压定律(KVL)

电路中任意时刻，沿任一闭合回路绕行的电压的代数和为零，即$\sum U=0$。

此定律阐述了任一闭合回路中各电压间的约束关系，这种关系仅与电路的结构有关，而与构成电路的元件的性质无关，不论元件是线性的或非线性的，含源的或无源的，时变的或非时变的。

2. 叠加原理

在线性电路中，任一支路的电流或电压都是电路中每一个独立源单独作用时，在该支路上所产生的电流或电压的代数和。

实验中，若某一电源单独作用时，其他电源内阻不能忽略，则其他电源的内阻要用与之相等的电阻代替。本实验用晶体管稳压源模拟内阻为零的理想电压源，所以可用短接线代替。

3. 参考方向

KCL、KVL 和叠加原理中的电流和电压都是代数量。它们除具有大小外还有方向，其方向以它量值的正、负表示。为研究问题方便，通常在电路中假定一个方向为参考，称为参考方向，当电路中电压（或电流）的实际方向与参考方向相同时取正，相反时取负。

例如测某节点各支路电流时，可设流入该节点的电流为参考方向，将电流表负极接在该节点上，正极串入各条支路，当电流表指针正偏时，取值为正；若指针反偏，说明该支路电流是流出节点的，与参考方向相反，则倒换电流表极性，再测量，取值为负。

测某个闭合回路各电压时，也应假定某一绕行方向为参考方向，按绕行方向测各电压时，表针正向偏转为正，反之为负值。

4. 线性电路的齐次性

指当激励信号（某独立源的值）增加或减少 K 倍时，电路的响应（即在电路其他各电阻元件上所建立的电流和电压值）也将增加或减少 K 倍。

四、实验内容及步骤

1. 验证基尔霍夫电流定律

按图 3-1 接好线路，其中 $E_1=8$ V，$E_2=5$ V，注意双刀双掷开关的接法。

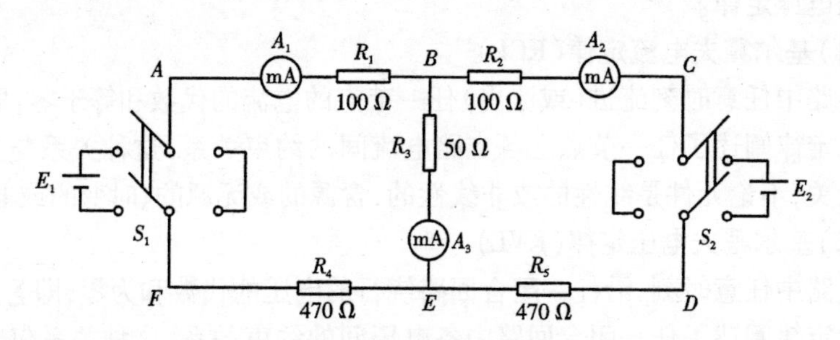

图 3-1 实验电路图

测流过节点 B 的电流来验证 KCL，把测量结果填入表 3-1 中。

表 3-1

	计算值	测量值	误差
I_1/mA			
I_2/mA			

表 3-1(续)

	计算值	测量值	误　差
I_3/mA			
$\sum I=$			

2. 验证基尔霍夫电压定律(KVL)

取两个验证回路:回路 1 为 ABEFA、回路 2 为 BCDEB。

用电压表依次测回路中各支路电压,将测量结果填入表 3-2 中。

测量时可选顺时针或选逆时针方向为绕行方向,并注意电压表的示数,注意取值的正负。

表 3-2

	U_{AB}	U_{BE}	U_{EF}	U_{FA}	$\sum U$	U_{BC}	U_{CD}	U_{DE}	U_{EB}	$\sum U$
计算值										
测量值										
误　差										

3. 验证叠加原理和叠加原理的齐次性

按图 3-1 接好线路。

(1)电源 E_1 单独作用时,各支路的电流 I_1、I_2、I_3,填入表 3-3 中。

(2)电源 E_2单独作用时,各支路的电流 I_1、I_2、I_3,填入表 3-3 中。

(3)电源 E_1、E_2共同作用时,各支路的电流 I_1、I_2、I_3,填入表 3-3 中。

(4)电源 E_2单独作用,变为原来的 2 倍,测各支路的电流 I_1、I_2、I_3,填入表 3-3 中。

表 3-3

	I_1			I_2			I_3		
	测量	计算	误差	测量	计算	误差	测量	计算	误差
E_1 单独作用									
E_2 单独作用									
代数和									
E_1,E_2 共同作用									

表 3-3(续)

	I_1			I_2			I_3		
	测量	计算	误差	测量	计算	误差	测量	计算	误差
$2E_2$ 单独作用									

4. 测量各电阻的实际数据并记录在表 3-4 中

表 3-4

	R_1	R_2	R_3	R_4	R_5
标称值					
实际值					

五、预习思考题

1. 理论计算图 3-1 中实验电路的各实验数据。
2. 改变电流或电压的参考方向,对验证基尔霍夫定律有影响吗? 为什么?
3. 叠加原理的使用条件是什么?

六、实验报告

1. 整理数据,将理论值与实验值比较看是否相符(注意:用电阻的实测值求电路的电流和电压理论值)。计算误差,分析误差产生的原因。

2. 用实测值说明叠加原理的正确性和叠加原理的齐次性,并计算 R_1、R_2、R_3、R_4、R_5 消耗的功率是多少? 功率能否用叠加原理计算,为什么? 试用具体数据说明。

实验四　线性有源二端网络的测量

一、实验目的

1. 通过实验验证戴维南定理，加深对等效电路的理解。
2. 学习线性有源二端网络等效电路参数的测量方法。

二、实验仪器与设备

1. BCA－Ⅰ型实验仪	1台
2. 直流电流表	1块
3. 万用表	1块
4. 稳压电源	1台

三、实验原理及说明

1. 戴维南定理

任一个含源一端口（二端网络）网络都可以用一个对外与它等效的电压源来代替，等效电压源的电压为有源二端网络输出端的开路电压 U_{oc}，内阻 R_i 等于把有源二端网络变成无源网络后的入端电阻。

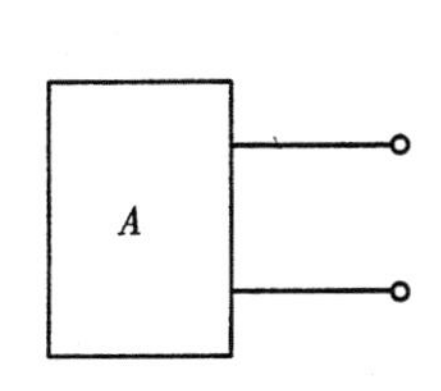

图 4-1　含源二端网络

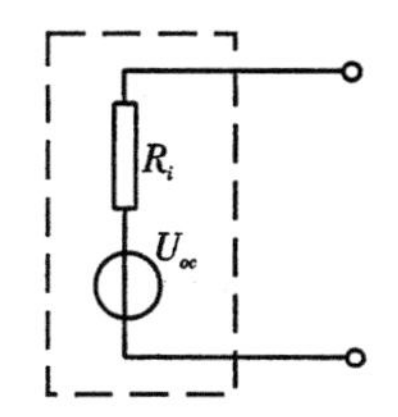

图 4-2　戴维南等效电路

用等效电路替代二端含源网络的等效性，在于保持外电路中的电流和电压不变，即替代前后两者引出端钮间的电压相等时，流出（或流入）引出端钮的电流也必须相等（即伏安特性相同）。

2. 含源二端网络开路电压的测量方法

（1）直接测量法

当含源二端网络的入端等效电阻 R_i 与电压表内阻 R_V 相比可以忽略不计时，可直接用电压表测量其开路电压 U_{oc}。

(2)补偿法

当二端网络的入端电阻 R_i 与电压表内阻 R_V 相比不可忽略时,用电压表直接测量开路电压,就会影响被测电路的原工作状态,使所测电压与实际值间有很大误差,用补偿法可排除电压表内阻对测量所造成的影响:

图 4-3 为用补偿法测电压的电路,测量步骤如下:

①用电压表初测二端网络的开路电压,并调整补偿电路中分压器的电压,使它近似等于初测的开路电压。

②将 C、D 与 $C'D'$ 对应相接,再细调补偿电路中分压器的输出电阻,使检流计 G 的指示为零。因 G 中无电流通过,这时电压表指示的电压等于被测电压,并且补偿电路的接入没有影响被测电路的工作状态。

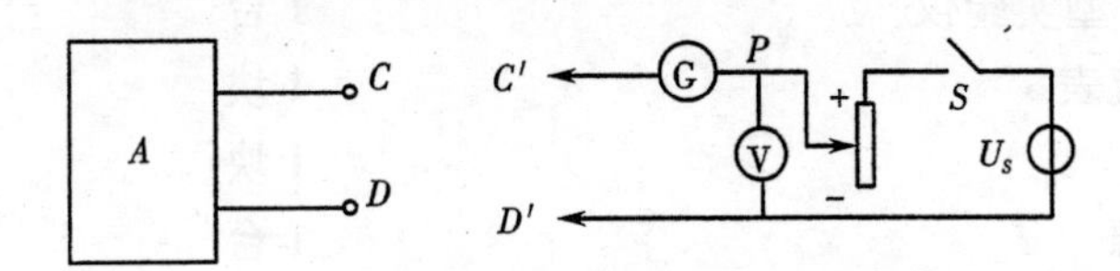

图 4-3 补偿法测开路电压电路图

3. 二端网络入端等效电阻 R_i 可根据二端网络除源后的无源网络计算求得,也可用实验的办法求出,方法有以下几种。

(1)开路短路法

在有源二端网络输出端开路时,用万用表的直流电压挡直接测出含源二端网络的开路电压 U_{oc},然后再用万用表的直流电流挡测出短路电流 I_s,则其内阻为

$$R_i = \frac{U_{OC}}{I_s}$$

这种方法最简便,但对于不允许将外部电路直接短路的网络(例如有可能因短路电流过大而损坏网络内部的器件时),不能采用此法。

(2)带载法

又称为两次电压法,测出有源二端网络的开路电压 U_{oc} 以后,在端口处接一负载电阻 R_L,然后测出负载电阻的端电压 U_L,则

$$\frac{U_L}{R_L} = \frac{U_{OC}}{R_i + R_L},\quad 则\ R_i = \left(\frac{U_{OC}}{U_L} - 1\right)R_L$$

(3)直接测量法

将内部所有独立源置零(电压源短路,电流源开路),用欧姆表直接测量。

实际的电压源和电流源具有一定的内阻,它并不能与电源本身分开,因此在去掉

电源的同时，也把电源的内阻去掉了，无法将电源内阻保留下来，这将影响测量精度，因而这种方法只适用于电压源内阻较小和电流源内阻较大的情况。

(4)端口电压法

把有源二端网络所有独立源置零，变成无源二端网络，然后在端口处加一给定电压 U，测得流入端口的电流 I，如图 4-4 所示，则

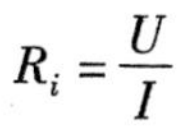

$$R_i = \frac{U}{I}$$

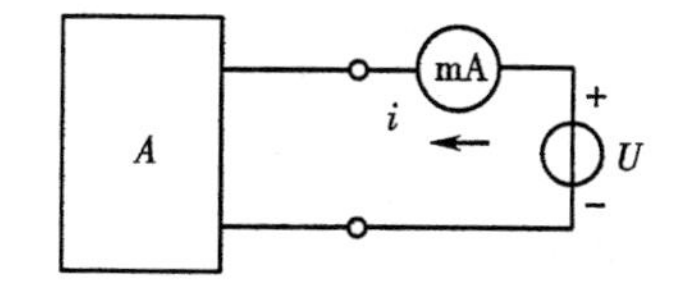

图 4-4　端口电压法测等效电阻电路图

(5)半电压法

在输出端接一个可变电阻 R_L，调节 R_L 使其两端电压 U_L 为开路电压的一半，此时可变电阻值即为等效电阻值。

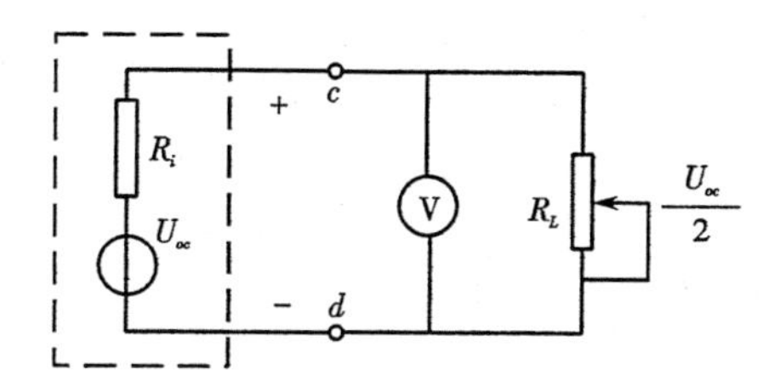

图 4-5　半电压法测等效电阻电路图

四、实验内容与步骤

按图 4-6 接线，其中 $E_1 = 5\ \text{V}$，$R_1 = R_2 = 470\ \Omega$，$R_3 = R_4 = 100\ \Omega$。

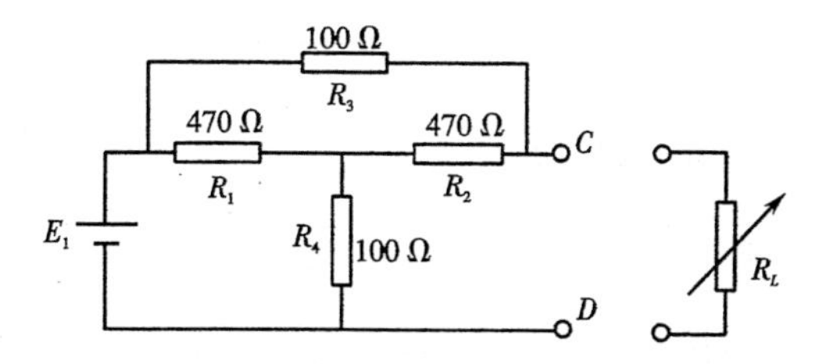

图 4-6　戴维南定理实验电路图

1. 测含源二端网络的外部伏安特性

调节二端网络外接电阻 R_L 的数值，使其分别为表 4-1 中的数值，测通过 R_L 的电流和 R_L 两端的电压，将测量结果填入表 4-1 中。

表 4-1

R_L/Ω	0	10	470	1 k	开路
I/mA					
U/V					

2. 验证戴维南定理

(1) 测出二端网络的开路电压 U_{oc}。

(2) 任选两种方法测等效电阻 R_i（表格自拟）。

(3) 按图 4-7 构成戴维南等效电路，测定它的外部伏安特性。其中电压源用直流稳压电源代替，调节电源输出电压，使之等于 U_{oc}。R_i 用电位器代替。在 C、D 端接入负载电阻 R_L，按上表中相同的电阻值，测取电流和电压，填表 4-2。

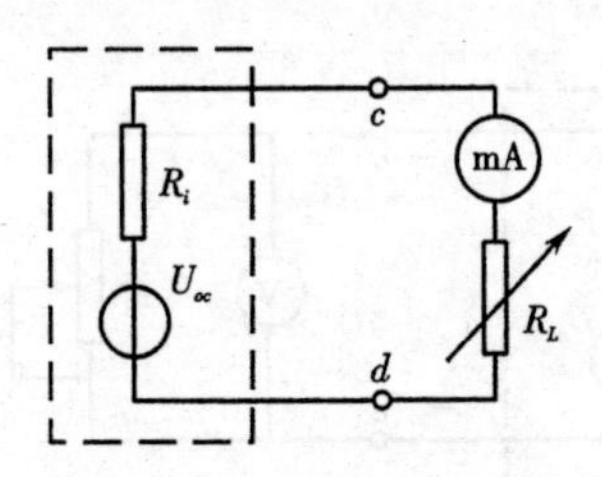

图 4-7 戴维南等效电路实验电路图

表 4-2

R_L/Ω	0	10	470	1 k	开路
I/mA					
U/V					

比较伏安特性，验证戴维南定理。

五、预习思考及要求

1. 思考戴维南等效电路的参数测量方法，选定实验所用的方法。
2. 理论计算等效电阻。

六、实验报告

1. 在同一张坐标纸上画出原二端网络和等效网络的伏安特性曲线,并做分析比较,说明如何验证戴维南定理。

2. 如何测量有源二端网络的开路电压和短路电流?在什么情况下不能直接测量开路电压和短路电流?

3. 说明用半电压法测等效电阻的原理。

4. 说明实际测量中你认为哪种测量方法与理论数据比较误差较小,为什么?

实验五　RC 一阶电路的响应测试

一、实验目的

1. 测试 RC 一阶电路的过渡过程，研究元件参数改变时对过渡过程的影响。
2. 学习用实验的方法测定时间常数。
3. 掌握有关微分电路和积分电路的概念。
4. 学习示波器与信号发生器的使用。

二、实验仪器与设备

1. 直流稳压电源	1 台
2. 示波器	1 台
3. 信号发生器	1 台
4. BCA－Ⅰ型实验仪	1 台

三、实验原理与说明

1. 一阶 *RC* 电路的零输入响应

指一阶电路在没有信号激励时，由电路中动态元件初始储存能量引起的响应。

如图 5-1(a)所示，设开关置 1 之前，电容器 C 上有电荷，$u_c(0_-)=U_0$，则当开关瞬时合向 1 时，电容电压为 $u_c(t)=U_0\mathrm{e}^{-\frac{t}{\tau}}(t\geqslant0)$。

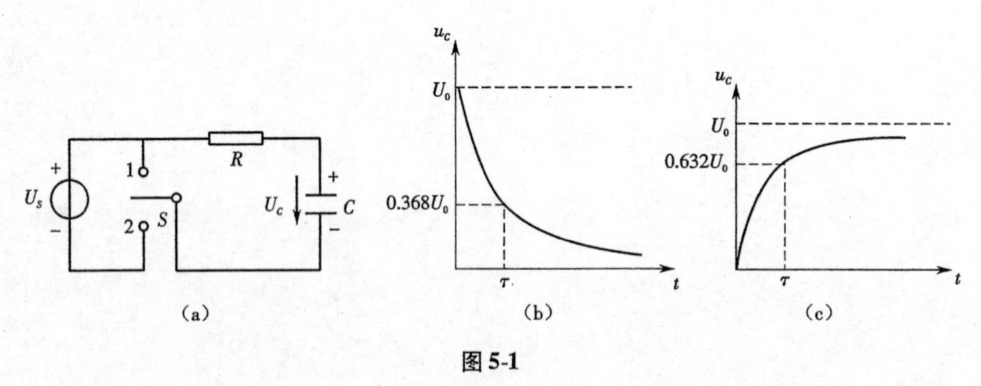

图 5-1

其过渡过程曲线如图 5-1(b)所示，由此看出，电容电压随时间的增长按指数规律下降,下降的速度取决于 τ,τ 越大,下降越慢,反之越快。

2. 一阶 *RC* 电路的零状态响应

指一阶电路在动态元件初始储能为零时,由外施激励源引起的响应。

如图 5-1(a),设 S 合向 2 之前,$u_c(0_-)=0$,当开关瞬时合向 2 时,电容电压为 $u_c(t)=U_S(1-e^{-\frac{t}{\tau}})\quad(t\geqslant0)$。

过渡过程曲线如图 5-1(c)所示,则电容电压随时间的增长按指数规律上升,上升的速度取决于 τ 的大小,τ 越大,不升越慢,反之越快。

3. 时间常数的测定

时间常数 τ 可由电路参数计算 $\tau=RC$。R 为电路当中的总电阻。

根据一阶微分方程的求解得知 $u_c(t)=U_0e^{-\frac{t}{\tau}}$。当 $t=\tau$ 时,$U_c(\tau)=0.368U_0$。此时所对应的时间就等于 τ;亦可用零状态响应波形增加到 $0.632U_0$ 所对应的时间测得。它的物理意义是电路零输入响应衰减到初始值的 36.8% 所需要的时间,或是电路零状态响应上升到稳态值的 63.2% 所需要的时间,如图 5-1(b)(c)所示。

虽然真正到达稳态所需的时间为无限大,但通常认为经过 $(3\sim5)\tau$ 的时间过渡过程就基本结束,电路进入稳态。

4. 微分电路和积分电路

微分电路和积分电路是 *RC* 一阶电路中较典型的电路,它对电路元件参数和输入信号的周期有着特定的要求。一个简单的 *RC* 串联电路,在方波序列脉冲的重复激励下,当满足 $t=RC\ll\frac{T}{2}$ 时(T 为方波脉冲的重复周期),且由 R 两端的电压作为响应输出,这就是一个微分电路,如图 5-2(a)所示。因为此时电路的输出信号电压与输入信号电压的微分成正比 $u_R\approx RC\frac{\mathrm{d}u}{\mathrm{d}t}$。利用微分电路可以将方波转变成尖脉冲。

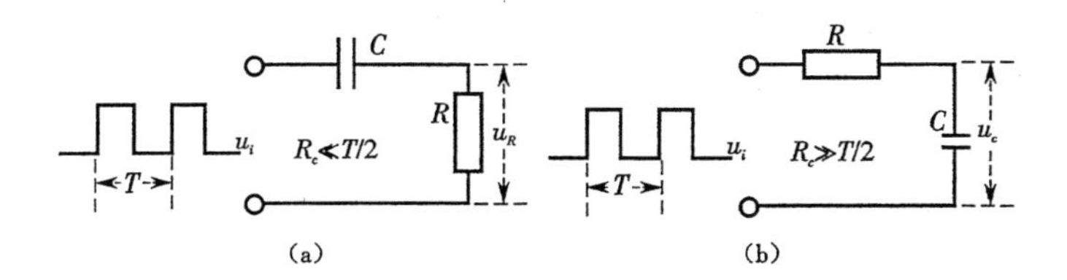

图 5-2

(a)微分电路;(b)积分电路

若将图 5-2(a)中的 R 与 C 位置调换一下,如图 5-2(b)所示,由 C 两端的电压作为响应输出。当电路的参数满足 $\tau=RC\gg\frac{T}{2}$ 条件时,即称为积分电路。因为此时电路的输出信号电压与输入信号电压的积分成正比 $u_C \approx \frac{1}{RC}\int u_s \mathrm{d}t$，利用积分电路可以将方波转变成三角波。

5. 实验现象的观测

动态网络的过渡过程是十分短暂的单次变化过程。对于一般电路，时间常数均较小，在毫秒甚至微秒级，电路会很快达到稳态，一般仪表来不及反应，过渡过程已经消失，用普通仪表难以观测到电压随时间的变化规律；虽然示波器可以观察到周期变化的电压波形，但普通示波器对于阶跃信号的一次性过渡过程不能稳定的显示在屏幕上。为获得清晰、稳定的波形，常用方波信号代替阶跃信号，即利用方波输出的上升沿作为零状态响应的正阶跃激励信号；利用方波的下降沿作为零输入响应的负阶跃激励信号，并满足方波的半个周期大于被测电路时间常数的 3 ~ 5 倍。那么电路在这样的方波序列脉冲信号的激励下，它的响应就和直流电接通与断开的过渡过程是基本相同的。由于方波周期性的重复出现，使电容反复充放电，可在屏幕上显示稳定的图形。

四、实验内容及步骤

1. 观察并记录 *RC* 电路的过渡过程

(1)观察并记录电容器上的过渡过程

按图 5-3 接线，其中 $R=100\ \Omega, C=0.15\ \mu\text{F}$。

调节方波为 $f=1\ \text{kHz}, V_{p\text{-}p}=2\ \text{V}$。

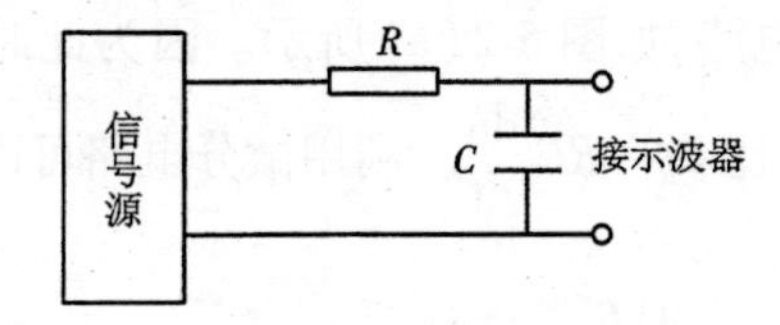

图 5-3 *RC* 实验电路图

观察示波器上的波形，用方格纸记录下观察到的波形，从示波器上测量电路的时间常数 τ，与理论值比较。

(2)观察并记录参数改变对 $u_c(t)$ 过渡过程的影响

将电路参数改为 $R=470\ \Omega, C=0.15\ \mu\text{F}$，重复步骤(1)的内容。

将电路参数给为 $R=470\ \Omega, C=0.01\ \mu\text{F}$，重复步骤(1)的内容。

定性的分析电路参数改变对时间常数的影响。

2. 观察并记录 *RC* 电路构成的微分电路

按图 5-4 接线，信号源频率设为 $f=200\ \text{Hz}, V_{p-p}=2\ \text{V}$，自己选取实验箱上的电阻

和电容，满足时间常数 $\tau=RC\ll\frac{T}{2}$，即满足 T（T 为外加信号源的方波的周期）为 10 倍到 20 倍的时间常数 τ。

观察电阻上电压 $u_R(t)$ 的波形，并记录下来。

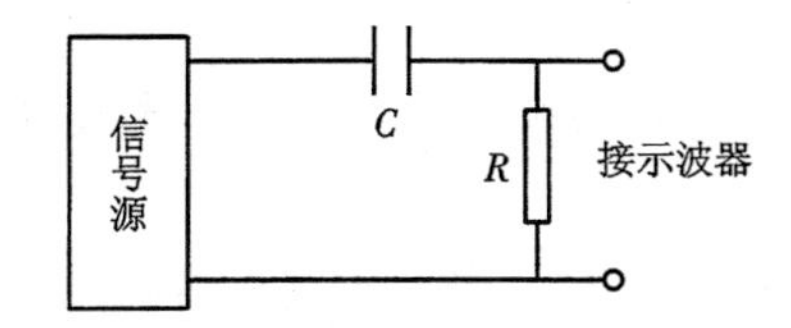

图 5-4　观察电阻上电压波形实验电路图

改变电路参数重复以上步骤，分析电路参数改变对获取的波形的影响。

3. 观察并记录 *RC* 电路构成的积分电路

按图 5-3 接线，$f=200$ Hz，$V_{p-p}=2$ V，自己选取实验箱上的电阻和电容，满足时间常数 $\tau=RC\gg\frac{T}{2}$，可选取时间常数 τ 为 10 倍到 20 倍的 T（T 为外加信号源的方波的周期）。

观察电容上电压 $u_c(t)$ 的波形，并记录下来。

改变电路参数重复以上步骤，分析电路参数改变对获取的波形的影响。

从输入输出波形来看，上述微分电路和积分电路均起着波形变换的作用，请在实验过程中仔细观察与记录。

4. 选作实验

观察一阶电路的零输入响应，零状态响应和全响应。

（1）实验电路（图 5-5）

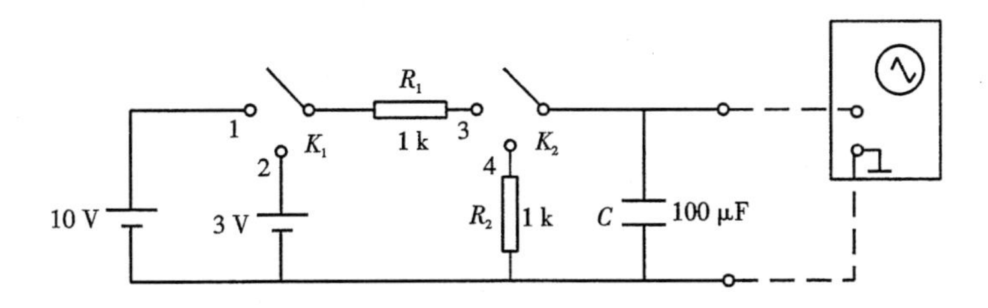

图 5-5　全响应实验电路图

（2）用示波器慢扫描挡位，选择适当的扫描时间与幅值，观察波形。（注意由于激励源为直流电源，故一次显示不能重复稳定的波形，要多次重复操作）

（3）思考 K_1 与 K_2 的位置及操作顺序，获得零输入响应，多操作几次以便描绘曲线。

思考 K_1 与 K_2 的位置及操作顺序,获得零状态响应,多操作几次以便描绘曲线。

思考 K_1 与 K_2 的位置及操作顺序,获得全响应,多操作几次以便描绘曲线。

理论验证:全响应 = 零输入 + 零状态。

五、实验报告

1. 实验前对本实验采用的 RC 电路,先计算时间常数;选取电路能观测到微分曲线和积分曲线的电路参数。

2. 用方格纸绘制所观察到的波形,整理测量的各项结果。

3. 说明元件参数的变化对过渡过程的影响。

4. 说明何谓积分电路和微分电路,它们必须具备什么条件? 它们在方波的激励下,其输出信号波形的变化规律如何? 这两种电路有何功能?

实验六　二阶电路过渡过程实验

一、实验目的

1. 观察 *RLC* 串联电路的过渡过程。
2. 研究电路参数对响应的影响。

二、实验仪器与设备

1. 示波器	1 台
2. BCA－Ⅰ型实验仪	1 台
3. 低频信号发生器	1 台
4. 稳压电源	1 台
5. 万用表	1 块

三、实验原理及说明

1. 如图 6-1 所示为二阶电路，根据 KVL 和图中的参考方向，可得到以 $u_c(t)$ 为变量的微分方程

$$LC\frac{\mathrm{d}^2u_c}{\mathrm{d}t}+RC\frac{\mathrm{d}u_c}{\mathrm{d}t}+u_c=U_s$$

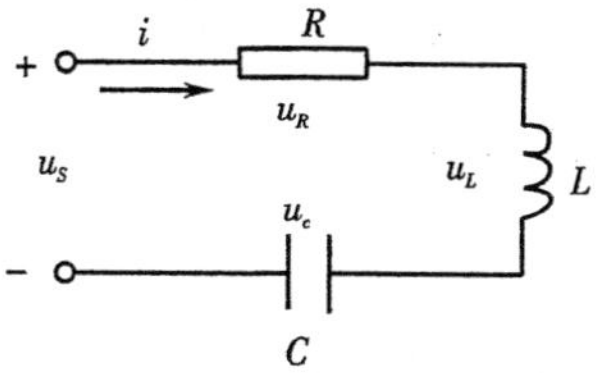

图 6-1　*RLC* 串联电路图

其微分方程的解等于对应的齐次方程的通解 u_c'' 和 u_c' 之和，即

$$u_c=u_c''+u_c'$$

其中
$$u_c'=U_S,\quad u_c''=A_1\mathrm{e}^{s1t}+A_2\mathrm{e}^{s2t}$$

即
$$u_c=A_1\mathrm{e}^{s1t}+A_2\mathrm{e}^{s2t}+U_S$$

$$S_{1,2}=-\frac{R}{2L}\pm\sqrt{\left(\frac{R}{2L}\right)^2-\frac{1}{LC}}$$

A_1和A_2是由初始条件决定的常数,s_1和s_2是特征方程的根,由电路参数决定,由于电路参数RLC之间的关系不同,电路响应会出现下述几种情况:

(1)当$R>2\sqrt{L/C}$时,响应为非振荡的,称为过阻尼情况;

(2)当$R=2\sqrt{L/C}$时,响应为临界状态的,称为临界阻尼情况;

(3)当$R<2\sqrt{L/C}$时,响应为衰减振荡,称为欠阻尼情况;

(4)当$R=0$时,响应为等幅振荡,称为无阻尼情况;

(5)当$R<0$时,响应为发散振荡,称为负阻尼情况。

2. 振荡周期T和衰减系数δ的测量方法

当电路处于欠阻尼状态时,响应$u_c(t)$的表达式为

$$u_c(t)=U_s\left[1-\frac{\omega_0}{\omega}e^{-\delta t}\sin\left(\omega t+\tan^{-1}\frac{\omega}{\delta}\right)\right]$$

其振荡波形如图所示,其中

$$T=2\pi/\omega \quad 振荡周期$$

$$\delta=R/2L \quad 衰减系数(其中R为回路总电阻)$$

$$\omega_0=1/\sqrt{LC} \quad 固有频率$$

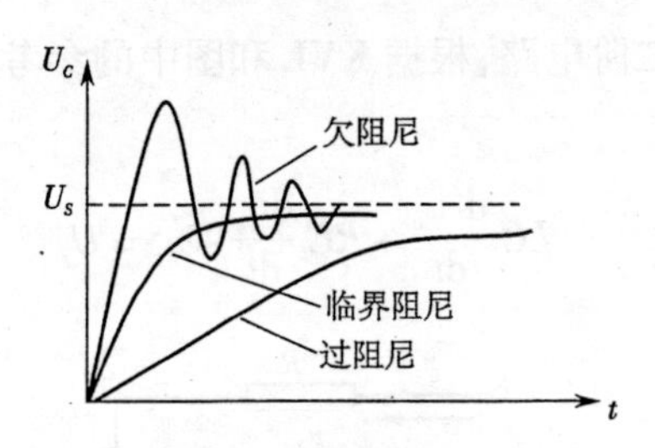

图 6-2 振荡波形图

振荡周期可通过示波器的时基扫描挡测量。

衰减系数可由下述求得。衰减曲线相邻两个最大值的比满足下列关系

$$U_{1m}/U_{1m}=e^{\delta t}$$

其中

$$\delta=\frac{1}{T}\ln\frac{U_{1m}}{U_{2m}}$$

四、实验内容与步骤

1. 按图 6-3 接线,实验电路中$C=0.033\ \mu F$,$L=10\ mH$,$R=0\sim680\ \Omega$,$0\sim10\ k\Omega$,

测试条件为 $f=1$ kHz，$U_s=2$ V。

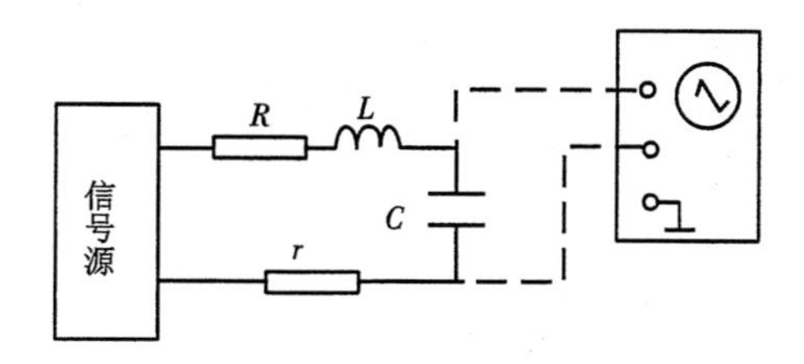

图 6-3　实验电路图

2. 使 R 在 0 ~ 10 kΩ 之间变化，用示波器观察 U_c 和 I 在欠阻尼、临界阻尼和过阻尼情况下的各种波形。把三种状态下的波形描绘在坐标纸上，并根据衰减振荡波形测量和计算衰减系数和衰减振荡周期（δ 和 T）。

3. 仔细观察 R 改变时波形的变化，找到临界状态，记录此时的电阻值，并与计算值 $R=2\sqrt{L/C}$ 相比较。

五、实验报告

1. 绘制过渡过程中的欠阻尼、临界阻尼、过阻尼三种波形图，测量并计算 δ 和 T，并与计算值相比较。

2. 分析电路参数对过渡过程的影响。

实验七　元件参数的测量

一、实验目的

1. 熟练掌握交流仪器的使用方法

2. 掌握用交流仪器测量电阻、电感及电容的元件参数的方法。

二、实验仪器及设备

1. 信号发生器	1 台
2. 示波器	1 台
3. 电路实验箱	1 台

三、实验原理及说明

1. 交流电路中常用的实际无源器件有电阻器、电容器和电感器。在通常情况下，需要测定电阻器的电阻参数、电容器的电容参数和电感器的电阻参数和电感参数。

2. 测量交流电路元件参数的方法主要分为两类：一类是应用电压表、电流表、示波器和信号发生器等仪表，根据测得的物理量计算出待测电路参数，属于仪表间接测量法；另一种方法是应用专用仪表，如各种类型的电桥直接测量电阻、电感和电容等。本实验采用间接测量法。

3. 电阻、电感、电容的等效电路

在电路理论中把电路元件抽象为电阻、电感、电容、独立源及受控源等理想元件模型。实际电路元件的模型应是若干种理想元件的组合。

实际元件的性质和数值一般都随所加的电源、电压、频率及环境温度、机械冲击而变化，它实际上是一个分布系统。特别是频率较高时，各种分布参数的影响变的十分严重。这时电容器可能呈现感抗，而电感线圈也可能呈现容抗。如一个电感线圈，沿整个绕组分布着损耗电阻、分布电容和电感。如图 7-1 所示，是电阻器、电感器和电容器在频率较高的电路中的等效模型。

在低频电路中，电阻器可略去其引线电感及分布电容而看成是纯电阻；电感器的导线具有电阻，把线匝间的分布电容略去，电感器可以用电阻及电感这两个参数来表示；电容器其引线电感可以略去，介质损耗一般也小到容许忽略的程度而只有电容。

4. 由电路理论可知，R、L、C 元件，每一个单个元件在正弦稳态电路中，其伏安关

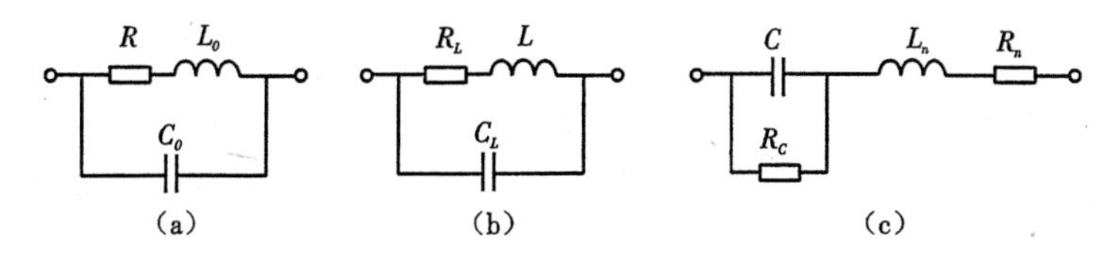

图 7-1　电阻 *R*、电感 *L*、电容 *C* 的等效电路

系的分析常用相量来表示，$|Z| = \frac{U}{I}$。若元件为电阻，则 $Z = R$；若元件为电容，则 $Z = \frac{1}{j\omega C}$；若元件为电感，则 $Z = j\omega L$。

如果要测量单个元件的参数，可以通过伏安法测量单个元件的阻抗，然后计算出元件的参数。

四、实验内容及步骤

本实验采用示波器测试法，测量电路如图 7-2 所示。

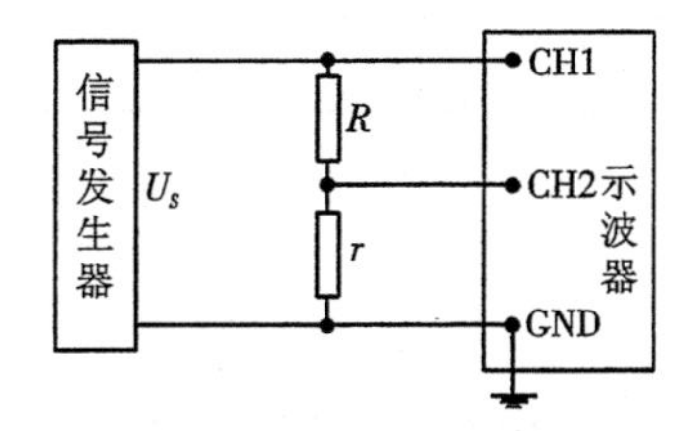

图 7-2　测量电路

R 为被测电阻，*r* 为取样电阻。信号发生器为元件提供正弦交流电源。电路连接正确后，调节信号发生器的频率 $f = 1$ kHz，幅度输出 $U_{sp-p} = 2$ V，示波器分别测量 U_s 电压及 U_r 电压的峰峰值。图 7-2 中，示波器的通道 1 和通道 2 分别显示了端口电压和取样电阻的电压，而取样电阻两端的电压除以取样电阻的电阻值就是流过元件的电流值（由于取样电阻的阻值与被测电阻相比非常小，其压降可以忽略不计），这样经过计算就能够测得被测电阻的阻值。同样分别用电容和电感替换图 7-2 中的电阻 *R*，根据电源的频率就可以测得被测的电容值和电感值。

电阻元件的计算公式：$R = \frac{U_{sp-p} r}{U_{rp-p}}$

电容元件的计算公式：$C = \frac{U_{rp-p}}{2\pi f r U_{sp-p}}$

电感元件的计算公式：$L=\dfrac{\sqrt{\left(\dfrac{U_{sp-p}r}{U_{rp-p}}\right)^2-R_L{}^2}}{2\pi f}$

1. 测量 200 Ω、1 kΩ 电阻器；

2. 测量 0. 033 μF、0. 15 μF 电容器；

3. 测量 1 mH、10 mH 电感器。测量数据填入表 7-1。

表 7-1

待测元件标称值		电源频率	$U_{sp-p}=2$ V	测量 U_{rp-p}	计算被测元件参数
$R=200$ Ω		1 kHz	$U_{sp-p}=2$ V		$R=$
$R=1$ kΩ		1 kHz	$U_{sp-p}=2$ V		$R=$
$C=0.033$ μF		20 kHz	$U_{sp-p}=2$ V		$C=$
$C=0.15$ μF		5 kHz	$U_{sp-p}=2$ V		$C=$
$L=1$ mH	$R_L=$	30 kHz	$U_{sp-p}=2$ V		$L=$
$L=10$ mH	$R_L=$	20 kHz	$U_{sp-p}=2$V		$L=$

五、实验报告

1. 完成实验内容中的要求，求出 R、L、C；

2. 写出元件参数的计算过程；

3. 分析测量中误差产生的原因。

实验八　正弦交流电路中的电阻、电感和电容

一、实验目的

1. 研究电阻、电感和电容在正弦交流电路中的特性。
2. 研究正弦交流电路中电压、电流相量之间的关系。
3. 熟悉掌握测定正弦交流电的有效值和相位差的方法。

三、实验仪器与设备

1. 双踪示波器	1 台
2. 低频信号发生器	1 台
3. 万用表	1 块
4. BCA－Ⅰ型实验仪	1 台

三、实验原理及说明

1. 正弦交流电作用于任一线性非时变电路，其两端电压与电流相量之比称为该元件的阻抗，即 $Z=\dot{U}/\dot{I}$。

阻抗是复数，其模表示电压、电流最大值或有效值之间的比值，而幅角（阻抗角）代表电压、电流的相位差。

2. R、L、C 元件电压、电流的向量关系

电阻　$\dot{U}=ZR\cdot\dot{I}\quad Z_R=R$

电容　$\dot{U}=ZC\cdot\dot{I}\quad Z_C=1/\mathrm{j}\omega C$

电感　$\dot{U}=ZL\cdot\dot{I}\quad Z_L=\mathrm{j}\omega L$

理想情况下电阻两端的电压与电流是同相的，电容两端的电压滞后电流 90°，电感两端电压超前电流 90°，实验过程中应注意理想情况与非理想情况之区别。

3. 正弦交流稳态响应的计算可运用相量进行复数运算，此时基尔霍夫定律应表示为

$$\sum_{K=1}^{n}\dot{I}_K=0\qquad\sum_{K=1}^{n}\dot{U}_K=0$$

因此在正弦交流电路中，对任一节点，各支路的电流和任一闭合回路各部分电压应是相量的代数和等于零，而不是有效值的代数和等于零，即不仅考虑其模值关系，还要

考虑其相位关系。

4. 测量 R、L、C 各元件阻抗模和阻抗角可归结为测量其两端的电压和流过电流的有效值以及它们的相位差。

(1) 因为示波器不能直接测量电流，只能引进电压信号，我们可利用 $\dot{U}_R$ 和 $\dot{I}$ 同相位这一关系，用示波器测量电阻两端的电压 U_R，即可表示为电流 I 的波形。只不过其幅度再被 R 除一下即可，即

$$\dot{I}=\dot{U}_R/R$$

(2) 测量交流电压视其频率 f 的不同，可采用不同类型的测量仪表，通常频率较低时，可用低频毫伏表，而当频率为高频时，要用高频毫伏表进行测量。

(3) 相位差的测量通常采用双踪示波器，用示波器观察到的电压和电流相位关系的波形如图 8－1 所示。

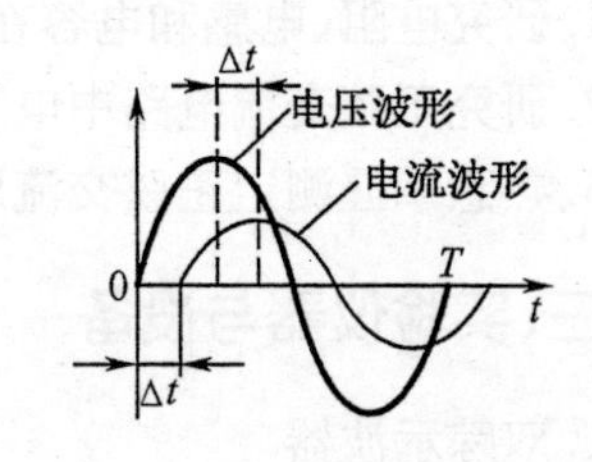

图 8-1　电压和电流相位关系

示波器是用来测量电压的仪器，不能直接测量电流；在实验测量的过程中，可选取电阻两端的电压波形来代替电流的波形。

相位差的计算公式为

$$\theta=\frac{\Delta t}{T}\times 360^\circ$$

式中　Δt——电压和电流波形过零点的时差；

T——波形显示周期。

四、预习练习及思考

1. 复习有关相位超前、滞后的概念。

2. 如何用双踪示波器测量两正弦信号的相位差？

3. 按实验内容要求拟好实验电路，并按要求拟好各记录数据的表格。计算实验内容中所需测量的理论值。

五、实验内容

1. 研究串联正弦交流电路中各电压的向量关系。

(1) RC 串联电路

电路如图 8-2 所示，给定 $R=10\ \Omega$，$C=2\ \mu\text{F}$，测试条件取 $f=1\ \text{kHz}$，$U_S=2\ \text{V}$。

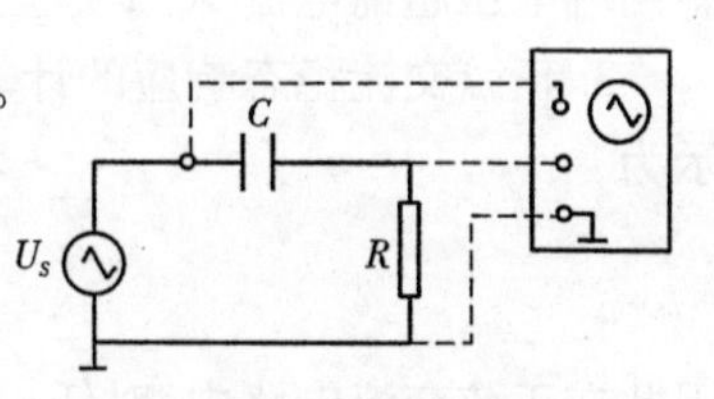

图 8-2　RC 串联电路

①观察 I、U 的相位关系，记录其波形及相差。

②测量输入 U_S，输出电压 U_R，U_C，列表记

录之。

③改变 R 值，观察其相位变化，记录之。

④改变 f 值，观察其相位差的变化，记录之。

⑤画出 $f=1$ kHz 时各电压之间的相量图。

(2) RL 串联电路

电路如图 8-3 所示，给定 $R=50\ \Omega$，$L=3.3$ mH，测试条件取 $f=10$ kHz，$U_S=2$ V。

①观察 I、U 的相位变化，记录其波形及相差。

②测量输入 U_S，输出电压 U_R，U_L，列表记录之。

③改变 R 值，观察其相位变化，记录之。

④画出 $f=10$ kHz 时各电压之间的相量图。

(3) RLC 串联电路

电路如图 8-4 所示，给定 $R=10\ \Omega$，$L=3.3$ mH，$C=2\ \mu$F，$f=1$ kHz，$U_S=2$ V

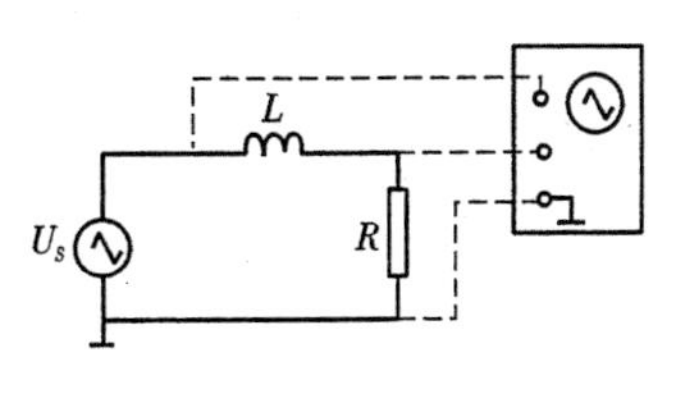

图 8-3　RL 串联电路

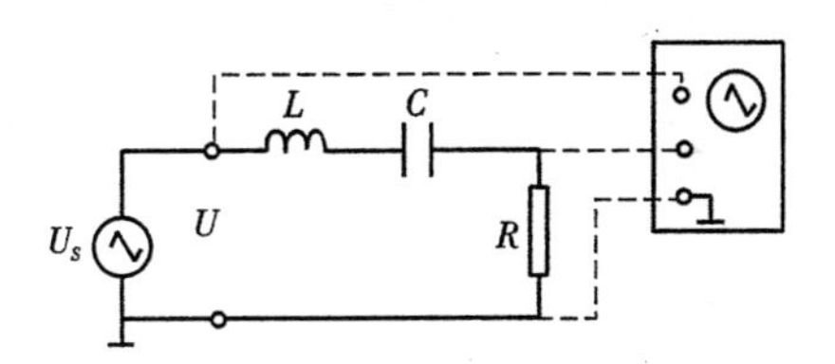

图 8-4　RLC 串联电路

①观察 I、U 相位的变化，记录其波形及相差，并判断电路的性质。

②测量阻抗的模：信号源 $U_S=2$ V，测 R 两端的电压 U_R，则电流 $I=U_R/R$，模 $Z=U/I$。

③测阻抗角：用示波器测出 U_S 和 U_R 的相位差，即为阻抗角。

④测量输入 U_S，输出电压 U_R，U_C，U_L，列表记录之。

⑤画出 $f=1$ kHz 时各电压之间的相量图。

⑥将信号源的频率改为 $f=3$ kHz，重复步骤①～⑤。

六、实验报告

1. 列出所有测量、计算结果，作出结论，完成实验内容中的各项要求。

2. 用表测量的电压之间的关系能使 $U_S=U_R+U_C$，$U_S=U_R+U_L$，$U_S=U_R+U_C+U_L$ 吗，为什么？

七、注意事项

在测量时要正确使用有关仪器、仪表，并注意低频信号源，示波器都有接地问题，即仪器的地线，必须与被测电路的零电位点相连。

实验九　串联谐振电路的研究

一、实验目的

1. 测量 RLC 串联电路的谐振曲线，通过实验进一步掌握串联谐振的条件和特点。

2. 研究电路参数对谐振特性的影响。

3. 正确使用示波器和信号发生器。

二、实验仪器与设备

1. 示波器	1 台
2. 信号发生器	1 台
3. 晶体管毫伏表	1 台
4. BCA－Ⅰ型实验仪	1 台
5. 万用表	1 块

三、实验原理及说明

1. 观察波形

如图 9-1 所示，U_1 为正弦电压，当电路接通时，电路中就有电流通过，则有效值为

$$I(\omega) = U_1 / \sqrt{(R+r)^2 + X^2} \quad (r \text{ 为电感内阻})$$

式中 X 为电抗，$X = \omega L - 1/\omega C$ 是角频率的函数。

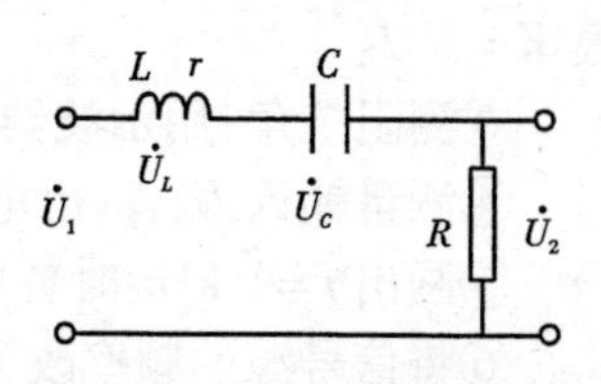

图 9-1　*RLC* 串联谐振电路

如果接入正弦电压信号的角频率与电路的固有频率相等时（$\omega = \omega_0$），电路处于谐振状态，则 $X = 0$，即 $\omega L = 1/\omega C$，$f = f_0 = 1/2\pi\sqrt{LC}$。从上式可以看出，电路的谐振频率完全由电路参数决定，与电阻无关，因此 f、L、C 这三个量中，无论调节哪个量（另两个固定）都可使电路满足谐振条件而发生谐振。本次实验采用固定 L、C，改变电源电压的频率 f，观察电路谐振或非谐振的波形变化。

2. 串联谐振电路的特点

（1）阻抗 $Z = R + r$，这时阻抗最小，电路呈纯阻性。

（2）感抗和容抗相等，U_L 和 U_C 的大小相等，相位相反，电流最大。

(3)电压 $\dot{U}$ 和电流 $\dot{I}_0$ 同相,电流在数值上为 $I_0 = U/(R+r)$。

另外,电路发生谐振时(忽略电感电阻)有如下关系

$$X_L = X_C \qquad Z = R$$

$$\dot{I} = \frac{\dot{U}_1}{Z} = \frac{\dot{U}_1}{R} \qquad \dot{U}_R = \dot{I}R$$

$$\dot{U}_L = \mathrm{j}\dot{I} \cdot X_L = \mathrm{j}\dot{I}\omega_0 L = \mathrm{j}\,\frac{\dot{U}_L}{R} \cdot \omega_0 L = \mathrm{j}Q\dot{U}_1$$

$$\dot{U}_C = -\mathrm{j}\dot{I} \cdot X_C = \frac{\dot{I}}{\mathrm{j}\omega_0 C} = -\mathrm{j}Q\dot{U}_1$$

$$Q = \frac{U_C}{U_1} = \frac{U_L}{U_1} = \frac{\omega_0 L}{R} = \frac{1}{\omega_0 RC}$$

当 $X_L = X_C \gg R$ 时,$U_L = U_C \gg U_1$,即电感和电容两端电压将远远高于电源输入电压,串联谐振电路的这一特点,在电子技术通讯电路中得到了广泛应用,而在电力系统中应避免由此而引起的过电压现象。

3. 频率特性

(1)电压的幅频特性

在上图所示电路中,若取电阻 R 两端电压 $\dot{U}_2$ 为输出电压,则该电路的输出电压和输入电压之比为

$$\frac{\dot{U}_2}{\dot{U}_1} = \frac{R}{R + \mathrm{j}\left(\omega L - \dfrac{1}{\omega C}\right)} = \frac{R}{\sqrt{R^2 + \left(\omega L - \dfrac{1}{\omega C}\right)^2}} \angle \tan^{-1} \frac{\omega L - \dfrac{1}{\omega C}}{R}$$

由上式可知,输出与输入电压之比是角频率的函数,当频率很高和很低时,比值都将趋于零,而在谐振时,$\omega_0 L = 1/\omega_0 C$,输出电压与输入电压之比等于 1。电阻 R 上的电压等于输入电源电压,达到最大值。这种输出电压与输入电压的振幅比是频率的函数的性质,称为幅频特性,如图 9-2 所示。

出现尖峰的频率 f_0 称为谐振频率。改变频率 f 时,振幅比随之变化,当振幅比下降到 $1/\sqrt{2} = 0.707$ 时对应的两个频率 f_1、f_2,两个频率之差 $\Delta f = f_2 - f_1$ 称为通频带宽(用角频率可表示为 $B\omega = \omega_2 - \omega_1 = R/L$)。

RLC 串联谐振幅频特性曲线的陡度,可用品质因数 Q 来衡量,Q 的定义为

$$Q = \frac{\omega_0 L}{R} = \frac{1}{\omega_0 CR}$$

(2)电流的幅频特性

其他量不变,只改变信号源频率 f,可得到电流的幅频特性。

如图 9-3 所示,$I(\omega)$ 曲线又叫电流谐振曲线。

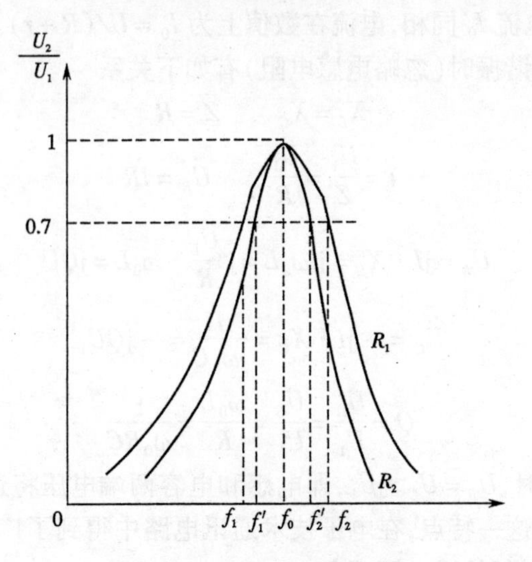

图 9-2 电压的幅频特性

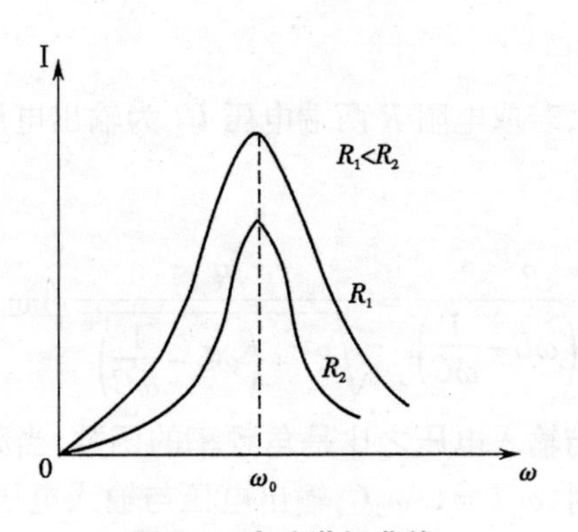

图 9-3 电流谐振曲线

从曲线可以看出，R 越小，曲线越尖锐，这种特性就用品质因数 Q 来表示，Q 值越高，曲线越尖锐，电路的频率选择性越好。

通常在工程上用电流比 I/I_0 和角频率比 ω/ω_0 之间的函数关系表示频率特性，称为电流的通用幅频特性，表达式为 $\frac{I}{I_0}=\frac{1}{R\sqrt{1+Q^2\left(\frac{\omega}{\omega_0}-\frac{\omega_0}{\omega}\right)^2}}$，$I_0$ 为谐振时电路的电流。

图 9-4 所示为取不同 Q 值时，测出的一组曲线，称为串联谐振通用曲线。

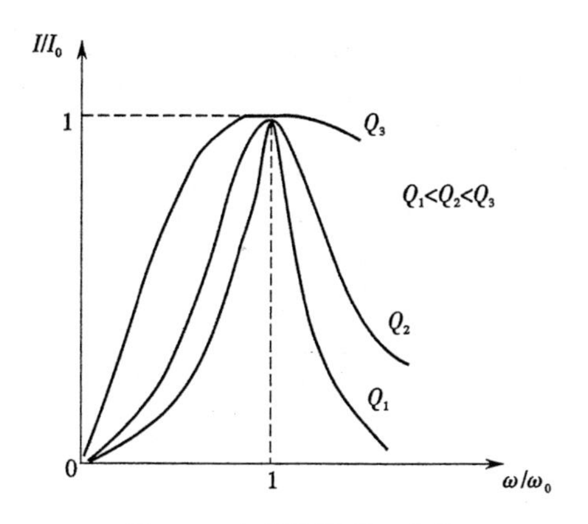

图 9-4　串联谐振通用曲线

四、实验内容及步骤

1. 按图 9-5 接线，其中电路参数 $R=10\ \Omega$，$U=1\ \text{V}$，$C=0.47\ \mu\text{F}$，$L=3.3\ \text{mH}$。

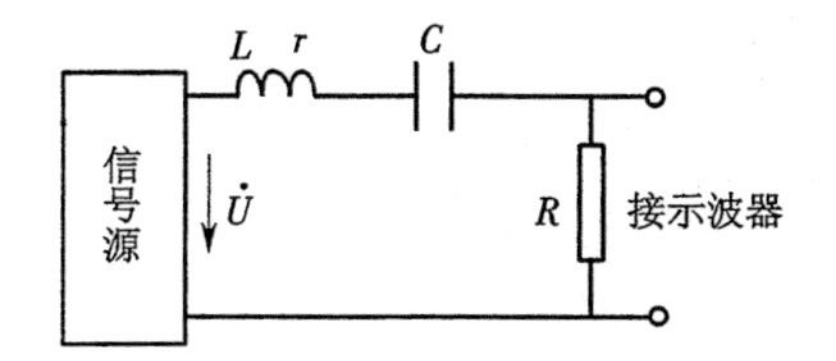

图 9-5　串联谐振电路实验图

改变信号发生器的频率，用双踪示波器观察电路的电流和电压波形，注意电路谐振前($\omega<\omega_0$)，谐振后($\omega>\omega_0$)以及谐振时($\omega=\omega_0$)两波形的相位变化。

2. 保持外施电压的幅值恒定不变，调信号发生器的频率，测不同频率时的电流 I，电容电压 U_C，电感电压 U_L，测得数据填入表 9-1 中，其中电流 I 的测量，可通过测量电阻 R 两端电压，经计算求得 $I=U_R/R$。

3. 将电阻改为 $R=50\ \Omega$，重复步骤 2，把测得的数据填表。

4. 调节信号源频率，找 $U_R=0.707U_1$ 对应的两个频率点，求出通频带宽。

表 9-1

频率/kHz	f_1	f_2	f_3	f_4	f_0	f_5	f_6	f_7	f_8
U_C									

表 9-1(续)

频率/kHz	f_1	f_2	f_3	f_4	f_0	f_5	f_6	f_7	f_8
U_L									
U_R									
I									

五、实验报告

1. 根据表中的数据绘制 RLC 串联电路的谐振曲线。

2. 在坐标纸上绘出不同 Q 值下的通用曲线。

3. 计算实验电路的通频带宽，谐振频率 f_0 和品质因数 Q，并与实际测量值比较，分析产生误差的原因。

六、回答问题

1. 实验中怎样判断电路已处于谐振状态?

2. 分析电路参数对谐振曲线的影响。

3. 怎样利用表中的数据求电路的品质因数 Q?

实验十　并联谐振电路的研究

一、实验目的

1. 通过实验进一步掌握并联电路谐振的条件和特点。
2. 测量 *RLC* 并联电路的谐振曲线。
3. 学习正确使用示波器、信号发生器以及晶体管毫伏表等交流仪器。

二、实验仪器与设备

1. 示波器
2. 信号发生器
3. 毫伏表
4. 万用表
5. 电路实验箱

三、实验原理及说明

谐振的定义是端口电压 $\dot{U}$ 与其输入电流 $\dot{I}$ 相位相同时，电路即处于谐振状态。工程上广泛应用的由电感线圈和电容组成的并联谐振电路，如图 10-1 所示。该电路的复导纳为 $Y(j\omega)=\mathrm{j}\left(\omega C-\dfrac{1}{\omega L}\right)$。当$\dfrac{1}{\omega L}=\omega C$ 时，电路中的端口电压 $\dot{u}$ 与其输入电流 $\dot{I}$ 相位相同，这时 L、C 并联电路就处于谐振状态了，该电路的谐振频率为 $f=f_0=1/2\pi\sqrt{LC}$。此时电路的导纳为最小值，若保持电路中的电流值不变，则此时端口电压 $\dot{U}$ 达到最大值。

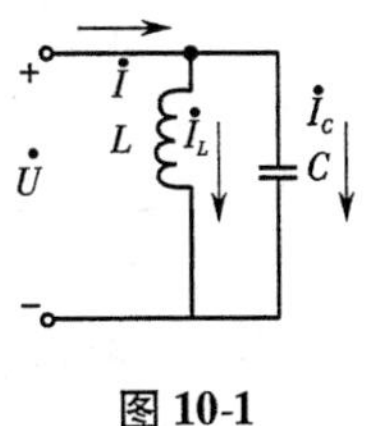

图 10-1

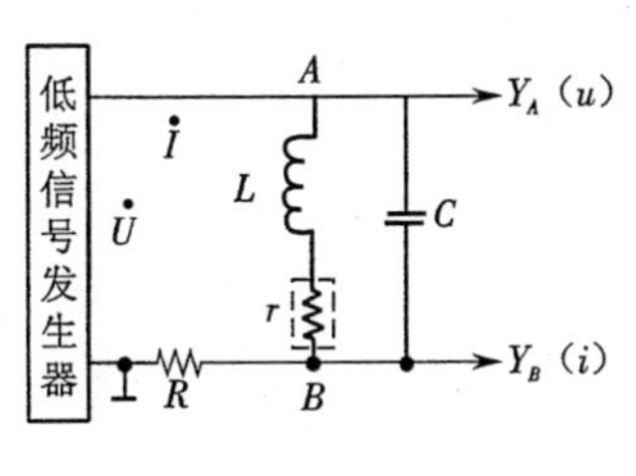

图 10-2

由于实际使用的电感元件为非理想器件，它可以被看成是理想电感 L 与理想电阻 r 的串联。为了测量电路中的电流波形，通常需要在电路中再加入一个小阻值的采样电阻，所以实验中经常采用如图 10-2 所示的电路。

该电路的复阻抗为

$$Z = R + \frac{(\mathrm{j}\omega L + r)\dfrac{1}{\mathrm{j}\omega C}}{\mathrm{j}\omega L + r + \dfrac{1}{\mathrm{j}\omega C}} = R\,\frac{\dfrac{r}{(\omega C)^2} - \mathrm{j}\,\dfrac{(r^2 C + \omega^2 L^2 C - L^2)}{\omega C^2}}{r^2 + \left(\omega L - \dfrac{1}{\omega C}\right)^2}$$

当 $r^2 C + \omega^2 L^2 C - L^2 = 0$ 时，电路中的端口电压 $\dot{U}$ 与其输入电流 $\dot{I}$ 相位相同，这时 L、C 并联电路就处于谐振状态了。该电路的谐振频率为

$$f = f_0 = \frac{1}{2\pi\sqrt{LC}}\sqrt{1 - \frac{Cr^2}{L}}$$

显然，只有当根号内部为正数，即 $r < \sqrt{\dfrac{L}{C}}$ 时，并联电路才会发生谐振，否则并联电路不可能发生并联谐振，并且只有当 $r \ll \sqrt{\dfrac{L}{C}}$ 时，该电路发生谐振时的特点才与图 10-1 所示电路发生谐振时的特点相接近。

当图 10-2 所示并联电路发生谐振时，电路的复阻抗为

$$Z = R + \frac{\dfrac{r}{(\omega_0 C)^2}}{r^2 + \left(\omega_0 L - \dfrac{1}{\omega_0 C}\right)^2} = R + \frac{L}{rC}$$

接近最大值。

当并联电路发生谐振时，电路的复阻抗接近最大值。由于 $U = IZ$，所以 L、C 并联电路两端的电压 U_{AB} 也接近达到最大值。此时 L 支路与 C 支路的电流大小几乎相等，且方向相反，数值为总电流的 Q 倍，因此并联谐振又被称为电流谐振。此时 L、C 并联电路呈现高阻状态。

如果在改变电源频率时保持采样电阻上的电压不变，也就是保持电路供电电流不变，则 L、C 并联电路两端的电压 U_{AB} 随频率变化的关系将如图 10-3 所示。

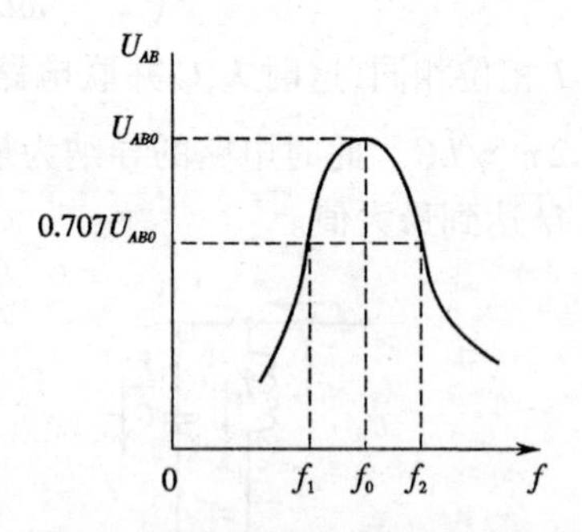

图 10-3　并联电路幅频特性曲线

当频率改变时(无论f增大与减小),U_{AB}都会逐渐下降。当U_{AB}下降到U_{AB0}的$\frac{1}{\sqrt{2}}$,即0.707倍时,对应的两个频率分别为f_1、f_2。这两个频率又被称为截止频率,两个截止频率的差值$B_f=\Delta f=f_2-f_1$为该并联电路的通频带宽。

当并联电路谐振时,L支路与C支路的电流大小几乎相等,支路电流(I_c或I_L)与总电流I之比为并联谐振电路的品质因数(或称为共振系数),即

$$Q=\frac{I_C}{I}=\frac{I_L}{I}=\frac{1}{R+r}\sqrt{\frac{L}{C}}$$

对于不同的品质因数,并联电路幅频特性曲线的陡度不同。

四、实验内容及步骤

1. 按图10-2接线,其中电路参数为$U=2\ \mathrm{V}$,$C=1\ \mu\mathrm{F}$,$L=10\ \mathrm{mH}$(自己用万用表测量其内阻r),$R=10\ \Omega$。改变信号发生器的频率,用双踪示波器观察电路的总电流和总电压波形,注意观察电路在谐振前($\omega<\omega_0$),谐振后($\omega>\omega_0$)以及谐振时($\omega=\omega_0$)两波形的相位关系变化。记录谐振时的f_0、U_R、U_{AB0}、I_C、I_L,计算该并联谐振电路的品质因数Q。

2. 调节信号发生器的频率,保持U_R电压为谐振时的数值,测电容、电感并联电路两端的电压U_{AB},将测得的数据填入表10-1中。

3. 调节信号源频率,找出$U_{AB}=0.707U_{AB0}$时对应的两个频率点f_1、f_2,求出该电路的通频带宽B_f。

表10-1

频率/Hz		f_7	f_5	f_1	f_3	f_0	f_4	f_2	f_6	f_8
测量值	U_{AB}/V									
	U_R/V									
计算值	$I=\frac{UR}{R}$/mA									
	Q									
	Δf									

五、实验报告

1. 根据表 10-1 中的数据绘制 LC 并联电路的谐振曲线 $U_{AB} \sim f$
2. 根据实验数据计算电路的通频带宽和品质因数 Q 。
3. 根据电路参数计算电路的谐振频率 f_0 和品质因数 Q,并与实际测量值比较。

实验十一　*RC* 选频网络实验

一、实验目的

1. 用实验的方法研究 $R-C$ 选频网络（文氏电桥）的选频特性。

2. 进一步熟悉示波器和信号发生器的使用方法。

二、实验仪器与设备

1. 示波器	1 台
2. 信号发生器	1 台
3. 晶体管毫伏表	1 台

三、实验原理及说明

1. $R-C$ 电路除具有移相作用外，还具有选频作用。

当由阻容元件以串联方式组成图 11-1 所示电路并加以正弦波电压 U_1 时，输出电压与输入电压存在着如下关系

$$\dot{U}_2=\frac{\dot{U}_1}{\left(1+\frac{R_1}{R_2}+\frac{C_1}{C_2}\right)+\mathrm{j}\left(R_1C_2\omega-\frac{1}{R_2C_1\omega}\right)}$$

式中 ω 为电源角频率。由上式可见，输出电压 U_2 除与输入电压 U_1 及电路参数有关之外，还与电源频率有关。当输入电压 U_1 及电路元件参数 R_1、C_1、R_2、C_2 均为定值的情况下，输出电压 U_2 仅是角频率 ω 的函数。当 $\omega R_1C_2-\frac{1}{\omega R_2C_1}=0$，即 $\omega^2=\frac{1}{R_1R_2C_1C_2}$，或 $f=\frac{1}{2\pi\sqrt{R_1R_2C_1C_2}}$ 时，输出电压 U_2 与输入电压 U_1 同相位，电路呈电阻性。

当使 $R_1=R_2=R$，$C_1=C_2=C$，且频率 $f=1/2\pi RC$ 时，

$$\dot{U}_2=\frac{\dot{U}_1}{1+\frac{R_1}{R_2}+\frac{C_2}{C_1}}=\frac{1}{3}\dot{U}_1=\dot{U}_{2\max}$$

当 $f>1/2\pi RC$ 或 $f<1/2\pi RC$ 时，输出电压 $\dot{U}_2$ 均小于 $\frac{1}{3}\dot{U}_1$，可见 $R-C$ 串并联网

络具有选频特性，故称为选频网络。

2. 以图 11-1 所示电路为实验电路，取 $R_1=R_2=R$，$C_1=C_2=C$，以频率可调的正弦波信号源输出电压做为 $R-C$ 选频网络的输入电压 U_1。将 U_1 输入示波器水平输入端，U_2 输入到示波器垂直输入端。电路工作正常时，示波器荧光屏应出现一个椭圆图形。调节信号频率，在某一频率时，可使示波器椭圆图形变成一条斜线，此时输出电压 $\dot{U}_2$ 与输入电压 $\dot{U}_1$ 为同相位，且 $\dot{U}_2$ 有最大值。

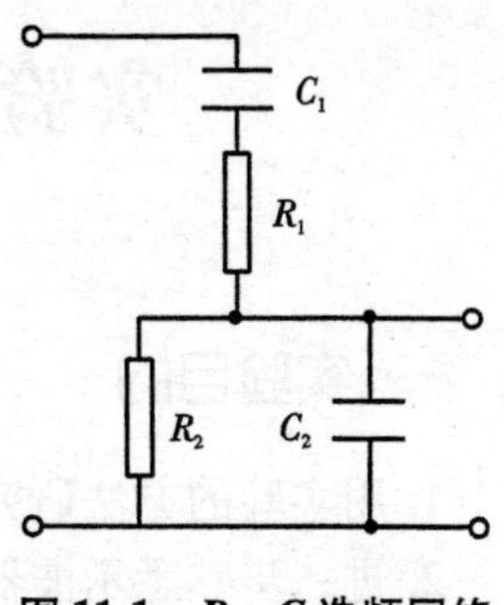

图 11-1　$R-C$ 选频网络

四、实验内容及步骤

1. 按图 11-2 接线，其中电路参数 $R_1=R_2=1\ \text{k}\Omega$，$C_1=C_2=0.033\ \mu\text{F}$，接成 $R-C$ 串并联网络。并用毫伏表监视正弦信号源上输出 $U_1=3\ \text{V}$。将 U_1 接入示波器水平输入端，U_2 接入示波器垂直输入端，调节信号源输出频率，使示波器显示图形由椭圆变成一条斜直线，记下此时信号源频率（最好用频率计测试）f_a，并与计算值 $f=1/2\pi RC$ 相比较，并填写表 11-1。

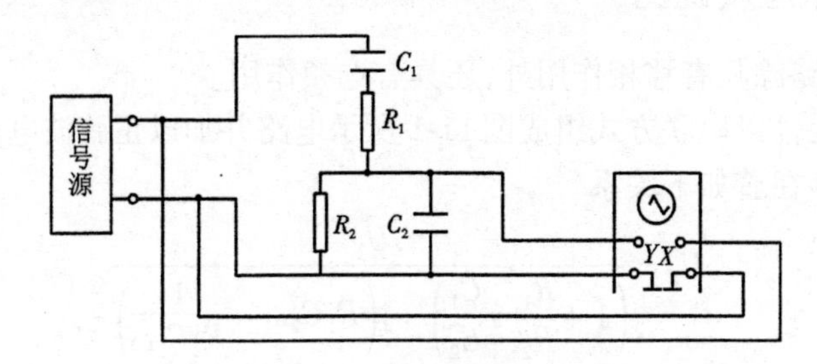

图 11-2　$R-C$ 选频网络频率特性

表 11-1

U_1/V	R/Ω	C/μF	f_a/Hz	$f=1/2\pi RC$/Hz	U_2/V

2. 去掉示波器“水平输入端”接线，在步骤 1 的参数下，调节正弦信号源的输入频率，观察 U_2 随频率变化的情况，看是否在 $f=f_a$ 时 U_2 为最大。

3. 保持示波器“垂直增益”不变，分别将选频网络输出电压 U_2 和输入电压 U_1 接到“垂直输入”，在 U_2 和 U_1 同相位情况下（步骤 1 的情况），测量 U_2 和 U_1 的幅值，或用双踪示波器在上述条件下同时观察 U_2 和 U_1 的波形，并测量 U_2 和 U_1 的幅值，看是否满足 $U_{2\max}=\dfrac{1}{3}U_1$。

4. 保持 $U_1=3$ V,$C_1=C_2=0.033$ μF 不变,改变 $R_1=R_2=5.6$ kΩ,按步骤 1,调节信号源频率,使示波器荧光屏仍出现一条斜直线,记下此时频率 f_b,并与计算值 $f=1/2\pi RC$ 值相比较,填写入表 11-2 中,然后重复步骤 2 和 3 的内容。

表 11-2

U_1/V	R/Ω	C/μF	f_b/Hz	$f=1/2\pi RC$/Hz	U_2/V
3					

五、实验报告要求

1. 写明实验目的和步骤。

2. 整理实验中测量数据和观察到的现象,并与计算结果相比较,说明 $R-C$ 选频网络的选频特性。

3. 回答问题:如果保持频率不变,用什么办法可使 U_2 和 U_1 同相位?

六、注意事项

1. 正确使用信号发生器,输出不要短路,实验中要注意保持输出电压为 3 V 不变。

2. 使用示波器“水平输入”时其“扫描”旋钮应放在“关”的位置。

实验十二　*RL* 和 *RC* 串联电路实验

一、实验目的

1. 通过实验验证 *RL* 和 *RC* 串联电路的电压关系。
2. 学习用电压、电流表测量带铁心电感线圈的等效电阻及电感量的方法。
3. 加深对交流电路欧姆定律的理解。

二、实验仪器与设备

1. 单相调压器	1 台
2. 交流电流表	1 块
3. 交流电压表	1 块
4. 镇流器	1 个
5. 万用表	1 块

三、实验原理及说明

1. *RC* 串联电路的电压关系

用一只白炽灯泡做电阻和一只电容器串联在电路中，就构成 *RC* 串联电路，如图 12-1 所示。

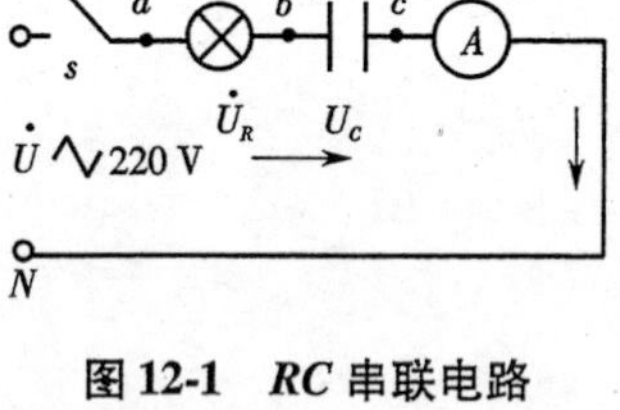

图 12-1　*RC* 串联电路

在 *RC* 串联电路中，交流电流通过电阻 R 时在 a、b 两点间产生电压降 U_R，通过电容 C 时在 b、c 两点间产生电压降 U_C。根据纯电阻电路的欧姆定律有 $\dot{U}_R=\dot{I}R$，并且 $\dot{U}_R$ 和 $\dot{I}$ 同相位；根据纯电容电路欧姆定律 $\dot{U}_C=-\mathrm{j}\dot{I}\cdot X_C$，并且 $\dot{U}_C$ 滞后 $\dot{I}$ 相位 90°。电源电压（a、c 两点间电压）等于电阻两端电压降 $\dot{U}_R$ 与电容两端电压降 $\dot{U}_C$ 的相量和，即 $\dot{U}=\dot{U}_R+\dot{U}_C$，其相量图如图 12-2 所示。

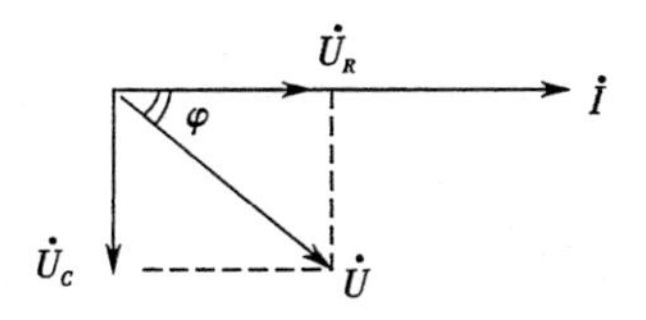

图 12-2　*RC* 串联电路电压相量图

由图 12-2 可以看出 $\dot{U}$,$\dot{U}_R$,$\dot{U}_C$ 为一直角三角形的三个边,其有效值间的关系为

$$U^2 = U_R^2 + U_C^2 \quad 或 \quad U = \sqrt{U_R^2 + U_C^2}$$

$$\varphi = \tan^{-1}\frac{U_C}{U_R} = \tan^{-1}\frac{X_C}{R}$$

2. *RL* 串联电路的电压关系

在 *RL* 串联电路中(图 12-3),交流电流通过电阻 R,产生电压降 $\dot{U}_R$,根据纯电阻电路的欧姆定律有 $\dot{U}_R = \dot{I}R$,并且 $\dot{U}_R$ 和 $\dot{I}$ 同相位;交流电流通过电感 L,产生电压降 $\dot{U}_L$,根据纯电感电路欧姆定律 $\dot{U}_L = \mathrm{j}\dot{I} \cdot X_L$,并且 $\dot{U}_L$ 超前 $\dot{I}$ 相位 90°。电源电压 $\dot{U}$ 等于电阻两端电压降 $\dot{U}_R$ 与电感两端电压降 $\dot{U}_L$ 的相量和,即

$$\dot{U} = \dot{U}_R + \dot{U}_L$$

其相量图如图 12-4 所示。

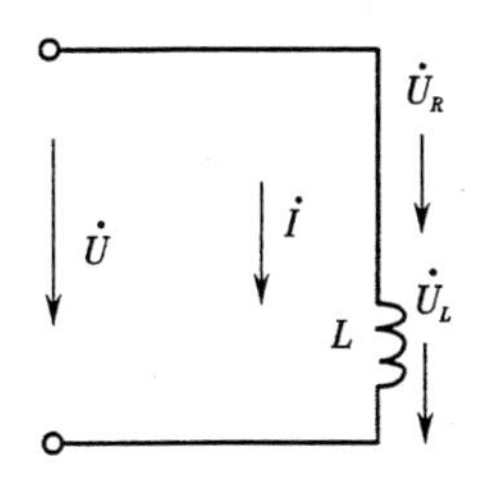

图 12-3　*RL* 串联电路

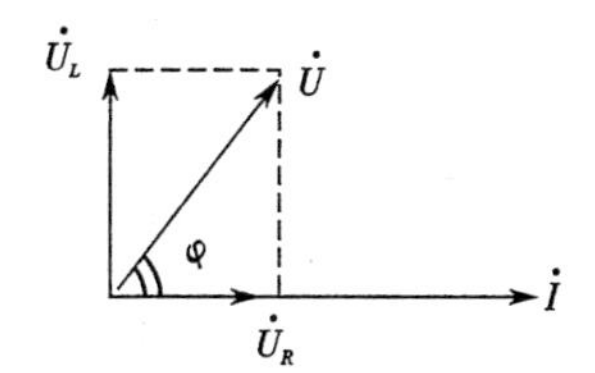

图 12-4　*RL* 串联电路电压相量图

由图 12-4 可以看出 $\dot{U}$,$\dot{U}_R$,$\dot{U}_L$ 为一直角三角形的三个边,其有效值间的关系为

$$U^2 = U_R^2 + U_L^2 \quad 或 \quad U = \sqrt{U_R^2 + U_L^2}$$

$$\varphi = \tan^{-1}\frac{U_L}{U_R} = \tan^{-1}\frac{X_L}{R}$$

对于一个实际的电感线圈来说,当它被连接到交流电路上时,除具有电感参数外还有电阻 r 存在。本实验采用日光灯镇流器作为电感元件,镇流器是一个带铁芯的电感元件,除电感参数外,还要考虑等效电阻参数。等效电阻 r 需要考虑导线直流电阻和铁芯损耗等值电阻两方面因素,其值是不能用欧姆表或电桥直接测量出来的。本实验我们用图 12-5 来测量等值电阻 r 和电感 L。根据欧姆定律

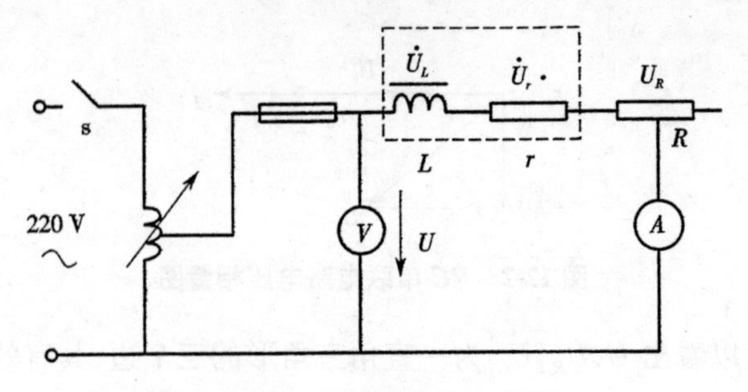

图 12-5 测量电感 L 电路

$$I=\frac{U}{Z}=\frac{U}{\sqrt{X_L^2+(R+r)^2}} \quad 或 \quad X_L^2+(R+r)^2=\frac{U^2}{I^2}$$

实验时，我们采用保持电路电流 I 数值不变的办法，让电压 U 随电阻 R 的改变而改变。在 $R=R_1$时，电压 $U=U_1$，则可得到

$$X_L^2+(R_1+r)^2=\frac{U_1{}^2}{I^2}$$

在 $R=R_2$，$U=U_2$时，有

$$X_L^2+(R_2+r)^2=\frac{U_2^2}{I^2}$$

上面两式相减可得

$$r=\frac{U_2^2-U_1^2}{2I^2(R_2-R_1)}-\frac{R_1+R_2}{2}$$

将已测出的 U_1、U_2、R_1、R_2代入上式则可求出等值电阻 r 的数值。

将 r 的数值代入上式中可求出 X_L的数值。因 $X_L=2\pi fL$，故 $L=\frac{X_L}{2\pi f}$

四、实验内容及步骤

1. 按图 12-1 接线路，其中 $C=1\ \mu F$，灯泡功率为 40 W。接通电源后，用电压表测量 $U_R=U_{ab}$，$U_C=U_{bc}$，$U=U_{ac}$，用电流表测量电流 I。

2. 用代数和方法计算 U_R+U_C，验证 $U_R+U_C\neq U$。

3. 用求相量和的方法计算 $\dot{U}_R+\dot{U}_C$，验证

$$\sqrt{U_R^2+U_C^2}=U \qquad \varphi=\tan^{-1}\frac{U_C}{U_R}$$

4. 用作图法，作出 U_R、U_C，并求出 U'，用尺量出 U'的长度并折算成所示表示的数值，与步骤 3 的计算结果相比较。用量角器测量出相角 φ，并与步骤 3 的计算结果进行比较。

5. 将上面的实验内容记入表 12-1 中。

表 12-1

$R=U_N^2/P$	$C/\mu F$	I	U_R	U_C	U	$\sqrt{U_R^2+U_C^2}$	U'	φ	φ'

6. 按图 12-5 连接线路，使调压器输出为零。电位器阻值为 100 Ω，即 $R_1=$ 100 Ω。

7. 接通电源，使调压器输出由零逐渐升高，注意电流表和电压表的数值，在电流为 0.4 A 时，记录电流 I 和此时的电压 U_1。

8. 调压器输出回零，切断电源。

9. 改变电位器阻值为 200 Ω，即 $R_2=200$ Ω。

10. 重复步骤 7 的实验内容，使 I 仍为 0.4 A，记录此时的电压 U_2。将有关数据及计算结果填入表 12-2 中。

表 12-2

I	R_1	R_2	U_1	U_2	U_R	U_{rL}	U_r	U_L

11. 计算 r 和 L。

五、实验报告

1. 实验目的、原理、实验步骤、基本公式。
2. 整理数据表格并做相应计算。
3. 做出 RC 及 RL 串联电路相量图。

实验十三　*RC* 电路时域响应的应用

一、实验目的

1. 观测 *RC* 电路的矩形脉冲响应。
2. 了解 *RC* 电路的实际应用。

二、实验仪器与设备

1. 示波器	1 台
2. 信号发生器	1 台
3. 万用表	1 块
4. BCA－Ⅰ型实验仪	1 台

三、实验原理及说明

1. *RC* 电路的矩形脉冲响应

矩形脉冲序列波形如图 13-1(a)所示。若将此矩形脉冲序列信号加在电压初始值为零的 *RC* 电路中,如图 13-1(b)所示,其响应曲线如图 13-1(c)所示。显然,电路的脉冲响应实质上就是 *RC* 电路的零状态响应和零输入响应的连续,也就是电容连续充电、放电的过程。

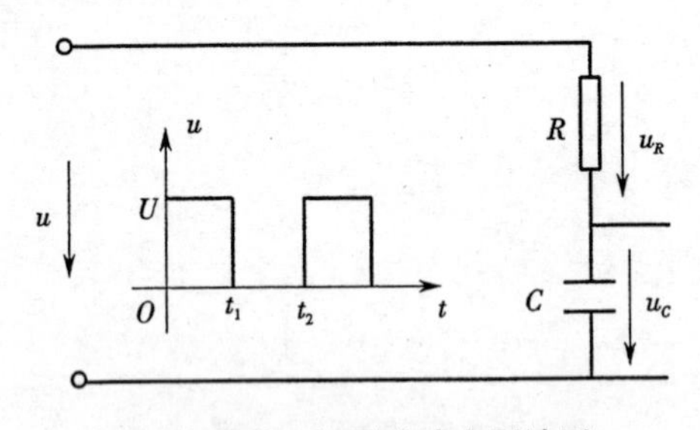

图 13-1(a)　矩形脉冲序列波形

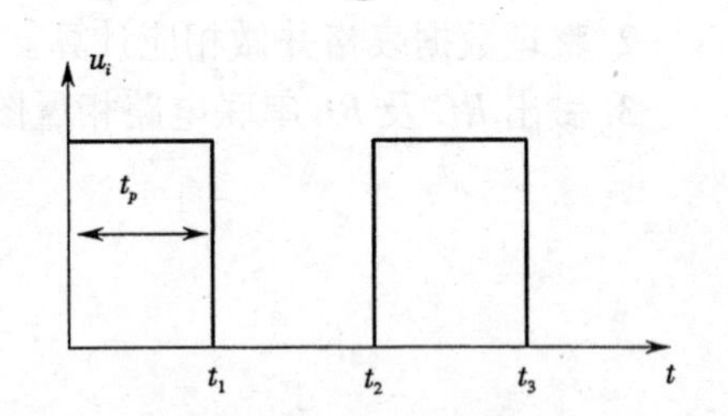

图 13-1(b)　矩形脉冲序列作用于 *RC* 电路

2. *RC* 电路的应用

(1)*RC* 微分电路　如图 13-2 所示的 *RC* 电路中,选择适当的电路参数,使电路的时间常数 τ 远小于矩形脉冲的宽 t_p,于是电阻两端的输出电压 u_0 为正负交变的尖峰波,如图 13-3 所示。此电路称为微分电路。常应用这种电路把矩形脉冲变换成尖

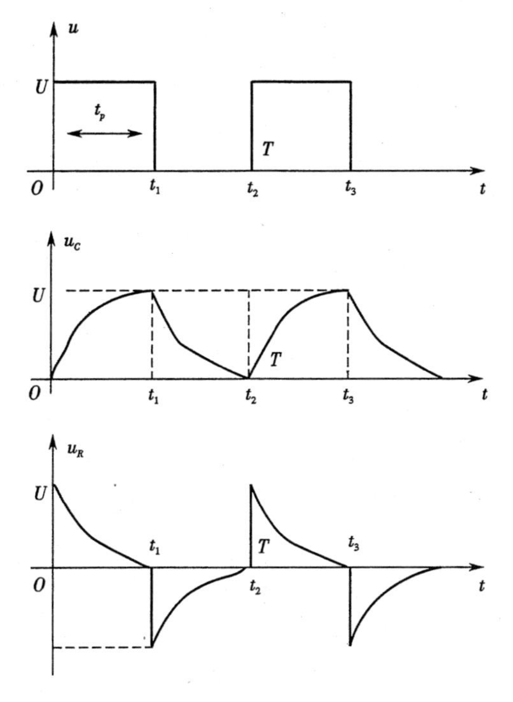

图 13-1(c)　*RC* 电路输出

脉冲,作触发信号。

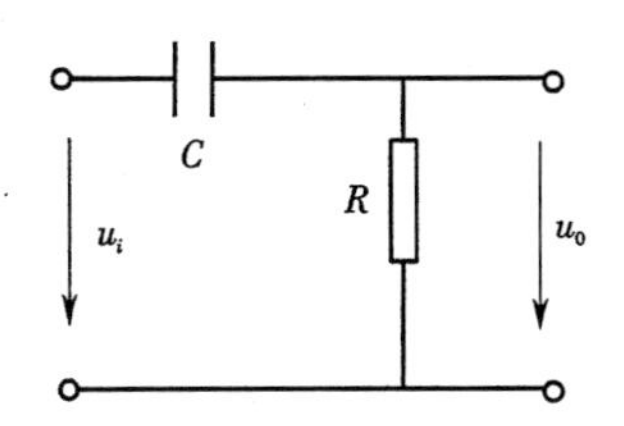

图 13-2　*RC* 微分电路($\tau \ll t_p$)和 *RC* 耦合电路($\tau \gg t_p$)

(2)*RC* 耦合电路　若使图 13-2 电路的电路参数 τ 值增大,在 $\tau \gg t_p$ 的条件下,微分电路将转变为耦合电路,在理想情况下,它将矩形脉冲序列转变成矩形波(或方波),其稳态波形如图 13-4 所示。

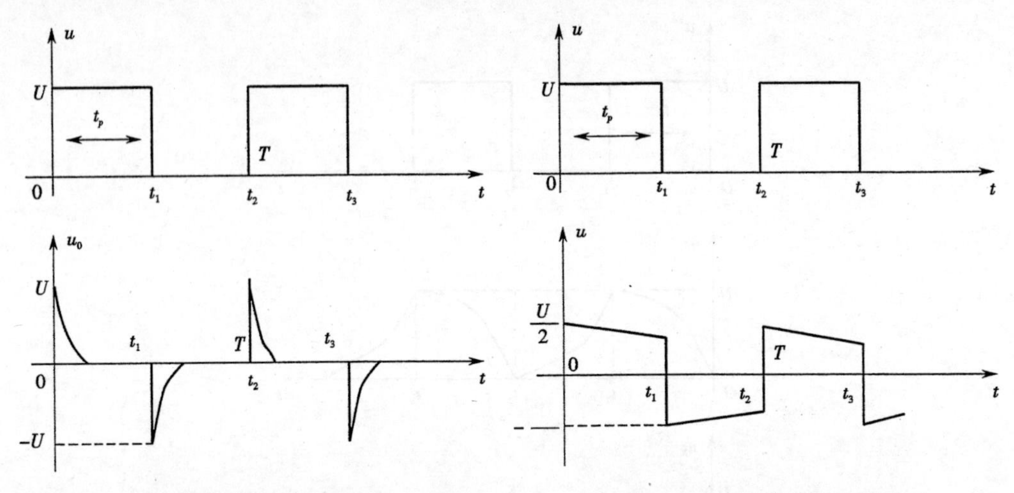

图 13-3 微分电路的输入输出电压的波形　　图 13-4 *RC* 耦合电路的电压波形

从图 13-4 波形的转变可以看出，电容 C 能把脉冲序列中的直流分量隔住，使高频分量通过，因而这个电容叫隔直电容，这种电路在多级放大电路中经常作为级间耦合电路。

(3)*RC* 积分电路　如果将 *RC* 电路的电容两端作为输出端，如图 13-5 所示，在电路参数满足 $\tau \gg t_p$ 的条件下，电路的输出电压近似地正比于输入电压对时间的积分。输入电压为矩形脉冲时，输出电压波形为稳态波形，如图 13-6 所示。这种输出电压与输入电压对时间的积分成正比的电路称为积分电路。

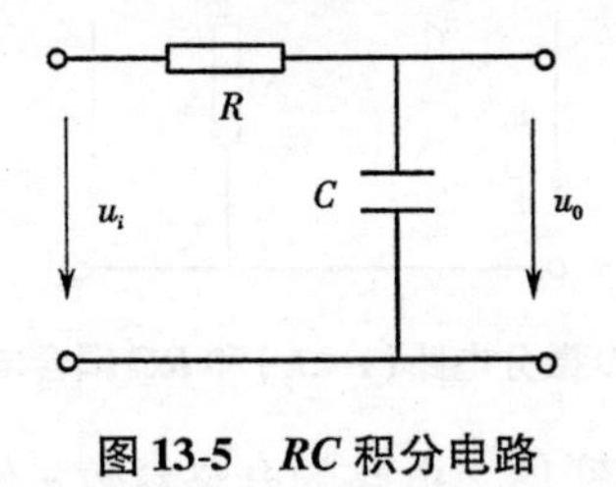

图 13-5 *RC* 积分电路

四、预习要求

1. 实验板上装有电阻值为 1 k，10 k，50 k，100 k 等的电阻元件和电容值为 0.015 μF，0.033 μF 等值的电容元件。若给定矩形脉冲序列的频率约为 200 Hz，电压幅值为 4.5 V，试选择适当的 R 和 C，分别组成 *RC* 微分电路和 *RC* 积分电路，画出电路原理图。

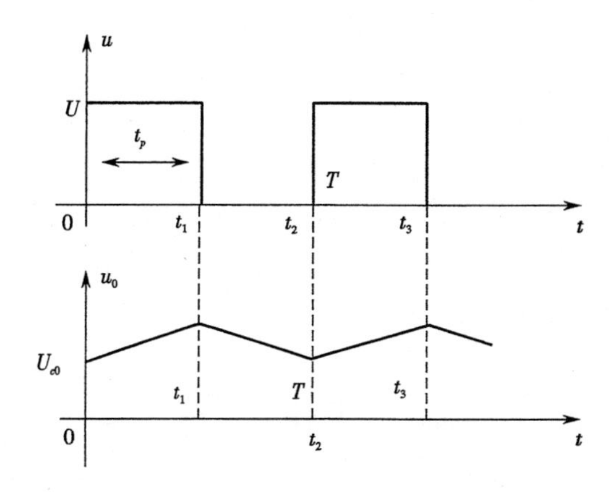

图 13-6　积分电路的输入、输出电压波形

五、实验内容及步骤

1. 观察 RC 电路的矩形脉冲序列时域响应。

按图 13-7 接线，调节脉冲信号发生器，使输出电压幅值 $U_m=4.5$ V，频率 $f=200$ Hz。将此脉冲信号接到电路上。示波器 Y 轴输入开关置于 DC 挡位置，观察电路的输入电压 u_I，电阻电压 u_R 和电容电压 u_C 的波形。

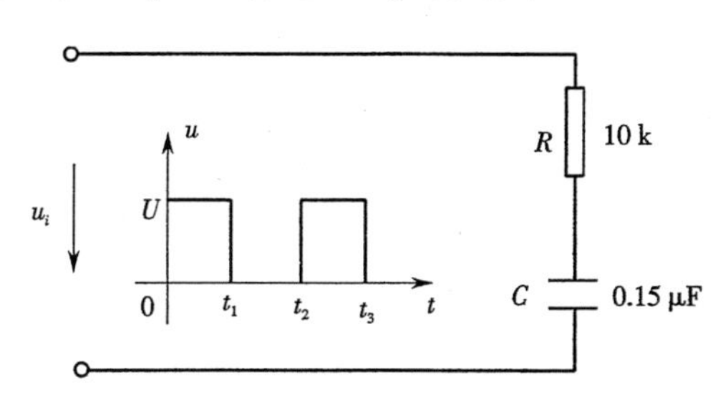

图 13-7　*RC* 串联电路

将以上波形画在实验报告上。

2. 观测 RC 微分电路和积分电路的输入信号和输出信号的电压波形。

(1)根据自拟的 RC 微分电路接线。保持脉冲信号发生器的输出值不变($U_m=4.5$ V，$f=200$ Hz)，将此信号接入电路。将示波器 Y 轴输入开关置于 DC 挡位，观察电路的输入及输出电压波形，并按一定比例将波形画在表 13-1 中。

改变电路参数 R、C 的数值，观察电路的输出电压波形的变化。

(2)根据自拟的 RC 积分电路接线，保持脉冲信号发生器的输出值不变($U_m=4.5$ V，$f=200$ Hz)，将此信号接入电路。将示波器 Y 轴输入开关置于 DC 挡位，观察电路的输出电压波形，并按一定比例将波形画在表 13-1 中。

改变电路参数 R、C 的数值，观察电路的输出电压波形的变化。

(3)使微分电路的参数变为 $R=50\ \text{k}\Omega$，$C=1\ \mu\text{F}$，它将转变成 RC 耦合电路。将此电路接入 $U_m=4.5\ \text{V}$，$f=200\ \text{Hz}$ 的脉冲信号，用示波器观察波形相对于横轴的位置变化，比较矩形脉冲序列与方波的差别（注意：Y 轴输入开关置于 DC 挡位）。

(4)保持脉冲信号发生器输出电压 $U_m=4.5\ \text{V}$，改变输出电压的频率，观察微分电路和积分电路输出电压波形的变化。

表 13-1

波形名称	参数		波形图
输入电压 u_I 波形	周期		
	脉宽		
	U_m		
RC 电路过渡过程电容电压 u_c 波形	R	50 k	
	C		
微分电路输出电压 u_0 波形	R		
	C		
	R		
	C		
积分电路输出电压 u_0 波形	R		
	C		
	R		
	C		
RC 耦合电路输出电压 u_0 波形	R		
	C		

六、实验报告

1. 试就实验步骤 1 所描绘的曲线讨论 RC 电路的过渡过程，并根据图上的参数求该电路的时间常数，与实测值相比较。

2. 电路参数既定的 RC 微分电路或积分电路，当脉冲频率改变时，输出信号波形是否变化，为什么？

实验十四　改善功率因数实验

一、实验目的

1. 掌握日光灯电路的工作原理及电路连接方法。
2. 通过测量电路功率,掌握功率表的使用方法。
3. 掌握改善日光灯电路功率因数的方法。

二、实验仪器与设备

1. 交流电流表	1 块
2. 交流电压表	1 块
3. 功率表	1 块
4. BCA – Ⅰ型实验仪	1 台

三、实验原理及说明

1. 日光灯电路及工作原理

日光灯电路主要由日光灯管、镇流器、启辉器等元件组成,如图 14-1 所示。

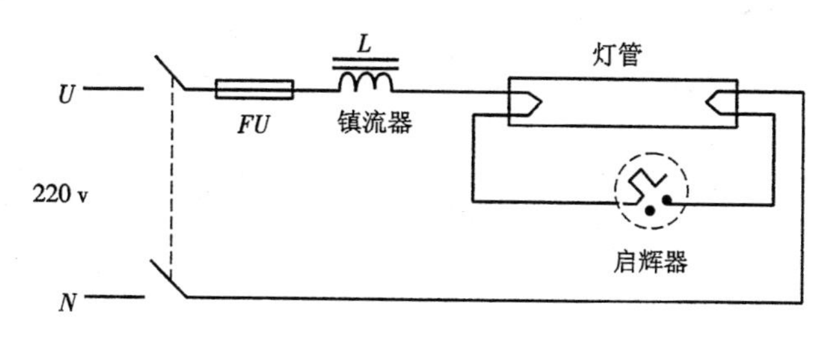

图 14-1　日光灯电路

灯管两端有灯丝,管内充有惰性气体(氩气或氪气)及少量水银,管壁涂有莹光粉。当管内产生弧光放电时,水银蒸气受激发,幅射大量紫外线,管壁上的莹光粉在紫外线的激发下,幅射出接近日光的光线,日光灯的发光效率较白炽灯高一倍多,是目前应用最普通的光源之一,日光灯管产生放电的条件,一是灯丝要预热并发射热电子,二是灯管两端需要加一个较高的电压使管内气体击穿放电,通常的日光灯管本身不能直接接在 220 V 电源上使用。

启辉器有两个电极,一个是双金属片,另一个是固定片,二极之间并有一个小容量电容器。一定数值的电压加在启辉器两端时,启辉器产生辉光放电,双金属片因放电而受热伸直,并与静片接触,而后启辉器因动片与静片接触,放电停止,冷却且自动分开。

镇流器是一个带铁芯的电感线圈。电源接通时,电压同时加到灯管两端和启辉器的两个电极上,对于灯管来说,因电压低不能放电;但对启辉器,此电压则可以起辉,发热,并使双金属片伸直与静片接触。于是有电流流过镇流器、灯丝和启辉器,这样灯丝得到预热并发射电子,经 1 ~ 3 秒后,启辉器因双金属片冷却,使动片和静片分开。由于电路中的电流突然中断,便在镇流器两端产生一个瞬时高电压,此电压与电源电压叠加后加在灯管两端,将管内气体击穿而产生弧光放电。灯管点燃后,由于镇流器的作用,灯管两端的电压比电源电压低得很多,一般在 50 ~ 100 V。此电压已不足以使启辉器放电,故双金属片不会再与静片闭合。启辉器在电路中的作用相当于一个自动开关。镇流器在灯管启动时产生高压,有启动前预热灯丝及启动后灯管工作时的限流作用。

日光灯电路实质上是一个电阻与电感的串联电路。当然,镇流器本身并不是一纯电感,而是一个电感和等效电阻相串联的元件。

2. 功率因数的提高

在正弦交流电路中,只有纯电阻电路,平均功率 P 和视在功率 S 是相等的。只要电路中含有电抗元件并处在非谐振状态,平均功率总是小于视在功率。平均功率与视在功率之比称为功率因数,即 $\cos\varphi_2 = \dfrac{P}{S} = \dfrac{UI\cos\varphi_2}{UI}$。

可见功率因数是电路阻抗角 φ_2 的余弦值,并且电路中的阻抗角越大,功率因数越低;反之,电路阻抗角越小,功率因数越高。

功率因数的高低反映了电源容量被充分利用的情况。负载的功率因数低,会使电源容量不能被充分利用;同时,无功电流在输电线路中造成损耗,影响整个输电网络的效率,因此提高功率因数成为电力系统需要解决的重要课题。

实际应用电路中,负载多为感性负载,所以提高功率因数通常用电容补偿法,即在负载两端并联补偿电容。当电容 C 选择合适时,可将功率因数提高到 1。

日光灯电路中,灯管与一个带有铁芯的电感线圈串联,由于电感量较大,整个电路的功率因数是比较低的。为了提高功率因数,我们可以在灯管与镇流器串联后的两端并联电容器实现。

四、实验内容及步骤

1. 在实验仪中选择镇流器、开关、启辉器等,接成如图 14-2 所示的实验电路图。

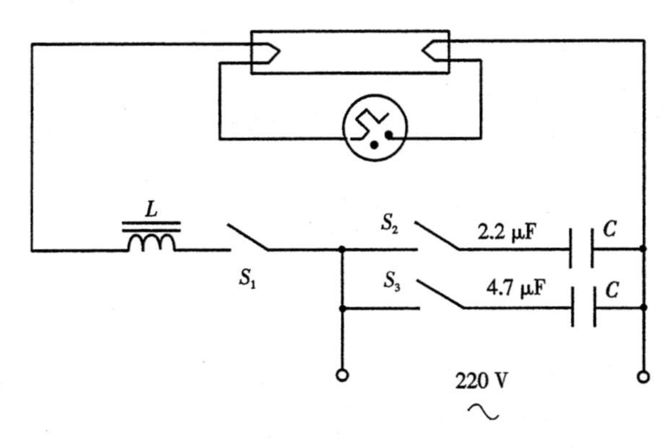

图 14-2　日光灯改善功率因数实验电路

2. 闭合开关 S_1，此时日光灯点亮，用并联电容器组完成本实验，则从 0 逐渐增大并联电容器，分别测量总电流 I、灯管电流 I_D，电容器电流 I_C，功率 P。将数值填入表 14-1 中，并做相应计算。

表 14-1

电容/μF 测量项目	0	2.2	4.7	6.9
U/V				
I/mA				
I_C/mA				
I_D/mA				
P				
$\cos\varphi = P/UI$				

五、实验报告

1. 根据表 14-1 中的数据，在坐标纸上绘出 $I_D = f(C)$，$I_C = f(C)$，$I = f(C)$，$\cos\varphi = f(C)$ 等曲线。

2. 从测量数据中，求出日光灯等效电阻，镇流器等效电阻，镇流器电感。

3. U_L 和 U_D 的代数和为什么大于 U？

4. 并联电容器后，总功率 P 是否变化，为什么？

5. 为什么并联电容器后总电流会减少？绘相量图说明。

实验十五　三相电路及功率的测量

一、实验目的

1. 学习三相电路中负载的星形和三角形连接方法。

2. 通过实验验证对称负载做星形和三角形连接时，负载的线电压 U_L 和相电压 U_P，负载电路 I_L 和相电流 I_P 之间的关系。

3. 了解不对称负载做星形连接时中线的作用。

4. 学习用三瓦特表法和二瓦特表法测量三相电功率。

二、实验仪器与设备

1. 三相灯泡组电路板	1 块
2. 交流电压表	1 块
3. 交流电流表	1 块
4. 单相功率表	2 块

三、实验原理及说明

1. 当对称负载做星形连接时，其线电压和相电压，线电流和相电流之间的关系为

$$U_L=\sqrt{3}\,U_P,I_L=I_P$$

做三角形连接时，它们的关系为

$$U_L=U_P,I_L=\sqrt{3}I_P$$

三相总有功功率为　$$P=3P_P=\sqrt{3}\,U_LI_L\cos\varphi$$

2. 不对称负载做星形连接时，若不接中线，则负载中点 N' 的电位与电源中点 N 电位不同，负载上各相电压将不相等，线电压与相电压间 $\sqrt{3}$ 倍的关系遭到破坏。在三相负载均为白炽灯负载的情况下，灯泡标称功率最少（电路电阻最大）的一相其灯泡最亮，相电压最高；灯泡标称功率最多（电阻最小）的一相其灯泡最暗，相电压最低。在负载极不对称情况下，相电压最高的一相可能将灯泡烧毁。倘若有了中线，由于中线阻抗很小，而使电源中点与负载中点等电位，则因电源各相电压是相等的，从而保证了各相负载电压是对称相等的。也就是说，对于不对称负载中线是不可缺少的。

3. 三相有功功率的测量方法有三瓦特表和二瓦特表法两种。三瓦特表法，通常用于三相四线制，该方法是用三个瓦特表分别测量出各相消耗的有功功率，其接线图如图 15-1 所示。三个瓦特表所测功率数的总和，就是三相负载消耗的总功率。

二瓦特表法通常用于测量三相三线制负载功率，其接线如图 15-2 所示。不论负载对称与否，二个瓦特表的读数分别为

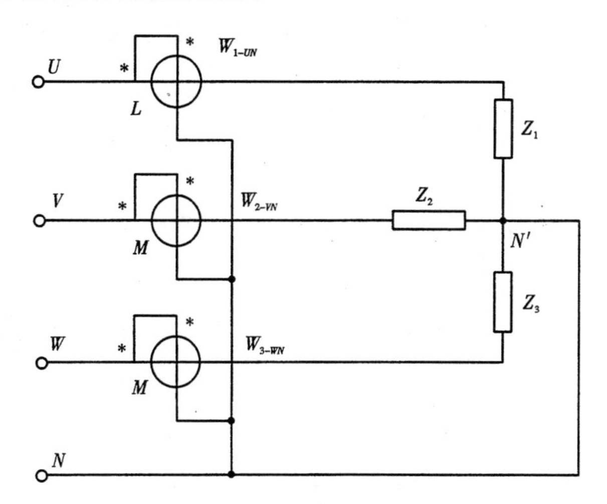

图 15-1　三瓦特表法测量三相电功率

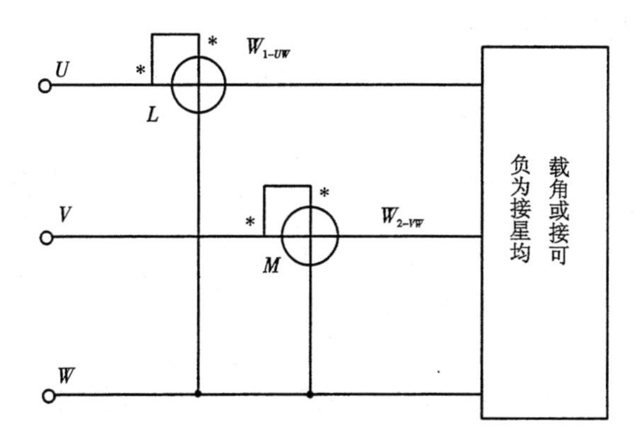

图 15-2　二瓦特表测三相功率

$$W_{1-UM}=I_U U_{UN}\cos(\varphi-30^\circ)=I_L U_L\cos(\varphi-30^\circ)$$
$$W_{2-VM}=I_V U_{VN}\cos(\varphi+30^\circ)=I_L U_L\cos(\varphi+30^\circ)$$

式中φ 为负载的功率因数角。

三相总功率为两个瓦特表读数的代数和。当 $\varphi<60^\circ$时，二个表读数均为正值，总功率为二瓦特表读数之和；当 $\varphi>60^\circ$时，其中一个表读数为负值，总功率为二瓦特

表读数之差。本实验负载为白炽灯泡,接近纯电阻性负载,$\varphi=0_0$,故二瓦特表读数为正值,三相总功率为二个瓦特表读数之和。

四、实验内容及步骤

1. 星形连接负载

(1)选取灯泡做负载,按图 15-3 将电灯泡负载接成星形接法的实验电路。

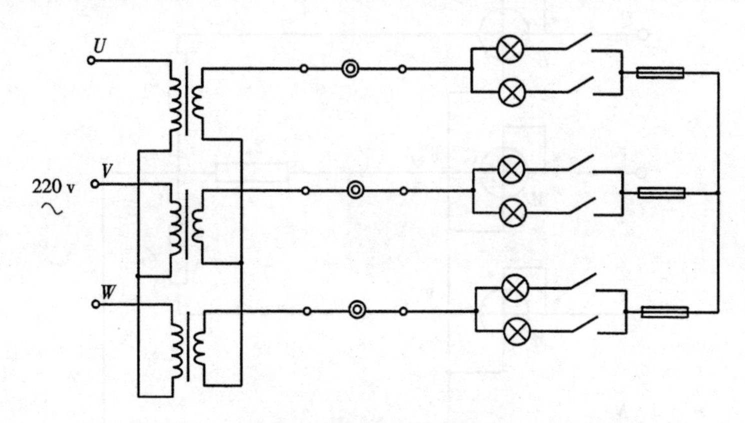

图 15-3 星接负载实验电路

(2)每相均开两盏灯(对称负载)。

(3)测量各线电压、线电流、相电压、中线电流及用三瓦特表法和二瓦特表法测量三相电功率,并将所测得的数据填入自拟的表格当中。

(4)将三相负载变为不对称负载,接上中线,观察各灯泡亮度是否有差别,然后拆除中线(断开串接在中线上的开关 S),再观察各灯亮度是否有差别。重复步骤(3)中的测量内容测量无中线时电源中性点 N 与负载中性点 N'之间的电位差 U'_{NN},将测量数据填入自拟的表格中。在断开中线时,观察亮度及测量数据,动作要迅速。不平衡负载无中线时,有的电压太高,容易烧毁灯泡。

2. 三角形接法负载

(1)按照图 15-4 连接三角形负载的实验电路,注意此时需要三相调压电源,将线电压调为 220 V。

(2)每相开两盏灯(对称负载),测量各线电压、线电流、相电流及用三瓦特表测功率和用二瓦特表法测功率,将测量数据填入自拟的表格中。

(3)关闭部分灯泡,使负载变为非对称负载,重复步骤(2)中的测量内容,并将测量数据填入自拟的表格中。

(4)如实验室无三相调压器,也可将三个灯泡或两个灯泡串联成三角形接法实验。

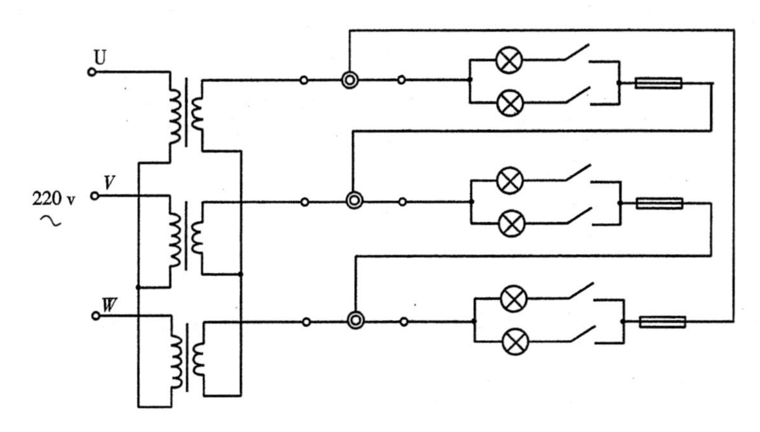

图 15-4　三角形接法负载实验电路

五、实验报告

1. 整理实验数据，说明在什么条件下具有 $I_L=\sqrt{3}I_P$，$U_L=\sqrt{3}U_P$ 的关系？
2. 中线的作用是什么，什么情况下可以省略，什么情况下不可少？
3. 能否用二瓦特表法测三相四线制不对称负载的功率，为什么？

第三编　虚拟仿真实验

引言　为什么要使用开放式网上虚拟实验室

一、目前的实验教学模式存在诸多问题

一个完整的实验教学过程包含实验预习、教师授课、学生实验、编写报告、实验考核、教学反馈等几个部分。目前的实验教学模式下,往往存在以下几个问题。

1. 学生实验预习不到位,难以检查和控制。学生对实验预习普遍的不重视导致其对预习环节敷衍了事,不做预习而只抄预习报告应付检查的情况也很常见,这一般导致两个结果,①实验目的往往难以达到,有些学生甚至不能顺利完成实验;②教师难以分辨学生的真实预习水平,也就难以根据预习情况及时调整教学内容,做到教学内容的有的放矢。

2. 由于实验课时安排的限制,很多设计性、综合性实验因为实验内容较为复杂,耗时较长,无法在课上统一安排,导致目前的电路课程实验构成中,这类实验缺失严重。

3. 由于实验室硬件条件的限制,某些特殊元器件、仪器设备的缺乏使一些创新性实验的开展受到影响,也影响了学生的创新实验热情。

4. 学生的整体学习效果难以精确把握。教师要掌握学生的学习情况,需要根据学生的课上表现、实验报告完成情况、期末考核等多种因素综合分析和考量,这存在统计数据计算复杂,信息滞后等问题。

二、实验教学信息化的国内外背景

开放式网上虚拟实验室应用于电类基础实验教学是基础实验中心实验教学信息化的一项重要举措。在国外,网络技术、计算机技术、虚拟技术等先进技术已经广泛应用到实验教学过程中,已经基本实现全天候开放式实验教学。学校通过网络管理实验教学,指导学生实验。如德国的汉诺威大学建立了虚拟自动化实验室;意大利帕瓦多大学建立了远程虚拟教育实验室;新加坡国立大学开发了远程示波器实验和压

力容器实验等。

在国内,各学校也积极探索实验教学改革之路,一些高校已经建立了基于 Web 的实验管理信息系统 ,对实验项目及其所需的设备进行管理,满足实验预约要求。但在网上实验教学平台开发以及网上虚拟实验室的研究方面与发达国家仍有一定的差距,至今尚未建成大规模的可覆盖全国的实用虚拟实验室,但是,已有许多高校重视并致力于全天候开放式教学的研究、开发工作,并取得了一定的进展。

三、开放式网上虚拟实验室的引入

在高等教育多元化和实验教学信息化的背景下,基础实验中心立足教学需求,引入开放式网上虚拟实验室。为满足实验教学信息化改革的整体要求,开放式网上虚拟实验室应能支持部分实验以在线虚拟实验的形式开展,并符合以下几点要求。

1. 采用 C/S 或 B/S 模式,具有教师、学生等不同的角色,不同角色用户具有不同权限。

2. 能够实现实验预习、实验报告的在线批阅,具有一定的实验管理功能;

3. 包含一个电路仿真平台,含有丰富的虚拟器材库,支持电类基础实验的电路搭建和仿真。

4. 具有一定的数据统计功能,能够协助教师进行相关教学数据的整理。

四、特别说明

开放式网上虚拟实验室的定位为原实验教学模式的改进与补充。实验类课程设立的目的在于通过实验夯实理论基础,提高动手实践能力,发现新问题而促进理论进步,这些实验目的单纯依靠虚拟仿真实验是无法达到的,因此教师和学生在任何时候都不能以在线虚拟实验替代实验室实体实验,而应做到虚实结合,各取所长,相互促进,进而引导教学水平和教学质量的提高。

第一章 开放式网上虚拟实验室概述

一、开放式网上虚拟实验室简介

开放式网上虚拟实验室采用 B/S(Browser/Server,浏览器/服务器)结构,可容纳 5000 人同时在线,具有系统管理员、教务管理人员、教师、学生四种角色,可以完成教务管理人员制定开课计划,教师在线安排实验任务,学生在线查看实验指导书,连接虚拟电路图并仿真,在线完成实验报告并提交,教师批改学生实验报告并统计成绩等教学过程。

开放式网上虚拟实验室登录网址 www. cauc. edu. cn/virexp。

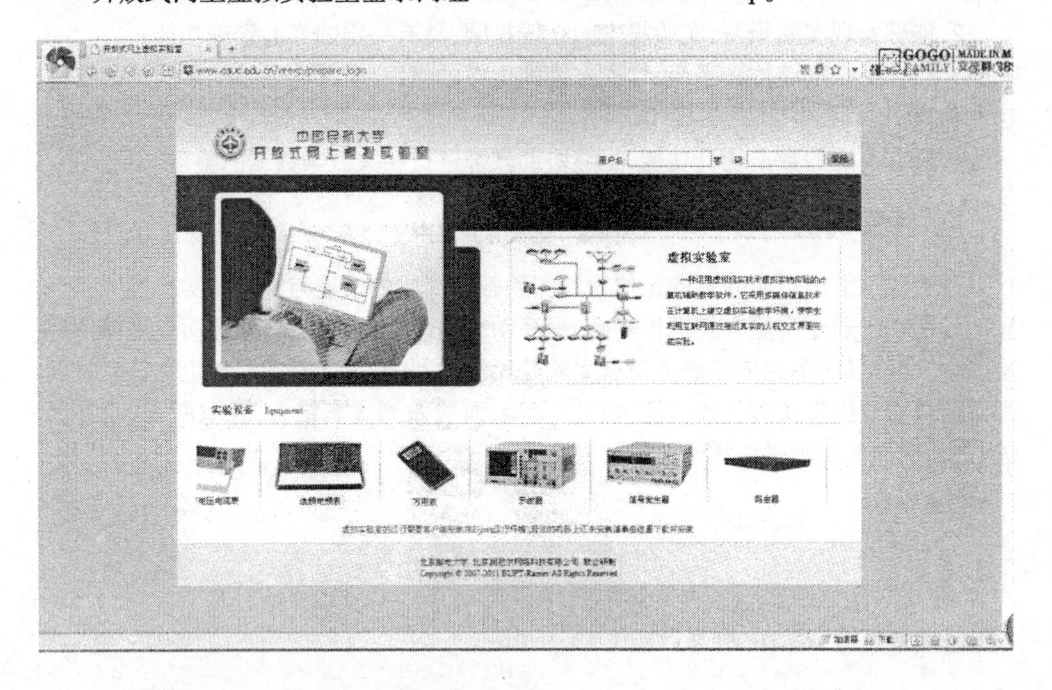

二、开放式网上虚拟实验室特点

1. 采用 B/S 结构,用户可在任何一台能上网的电脑上通过浏览器访问系统。

2. 支持教务开设课程、教师排课、学生完成虚拟实验、学生编写和提交报告、教师批改报告和公布成绩等教学流程的网络化,提高教学效率。

3. 具有在线实验操作平台,支持虚拟电路搭建及仿真。实验操作平台器材库包含200余种元器件及仪器设备,学生可在线搭建仿真电路、运行仿真结果并将结果提交给老师,教师可直接运行学生提交的仿真电路,并予以批改。

4. 支持学生登录时间、登录次数、实验成绩等教学数据的统计和处理。

三、开放式网上虚拟实验室的必要性

开放式网上虚拟实验室的引入,有效地解决了目前实验教学模式中存在的几个问题。

1. 教师可在安排的实验任务中加入预习内容和要求,在实验报告中加入预习报告部分,要求学生在课前通过查阅资料、预习实验内容、编写预习报告、连接仿真电路等方式在线完成预习,并进行一次提交。教师在上课前,可在办公室浏览学生的提交情况和预习报告的作答情况,及时调整教学内容,做到课堂教学有的放矢。

2. 对于一些耗时较长的设计性、综合性实验,可以设计为虚拟仿真实验,由教师安排教学任务,要求学生课下完成。学生可将设计报告和仿真电路图一并上交,并由教师批改。这增加了课容量,也提高了教学效率。

3. 对于一些创新性实验,学生可充分利用开放式网上虚拟实验室的在线电路仿真模块进行电路设计及仿真,电路仿真模块的器材库包含200余种实验器材,满足一般的创新性实验设计需求。学生设计的电路可方便的提交给任课老师批阅,便于师生交流。

4. 开放式网上虚拟实验室可在后台采集记录多种教学相关数据,如学生的登录时间、登录次数、实验报告提交情况和成绩统计等,教师或系统管理员可方便的查看这些数据并予以统计处理,有利于教师快速、准确地掌握教学反馈。

第二章　实验操作平台

实验操作平台是开放式网上虚拟实验室在线电路仿真模块的交互操作平台,支持用户在线搭建虚拟电路,运行仿真,使用虚拟仪器观测仿真结果。

实验操作平台界面包括器材栏、实验台、属性栏和菜单栏四部分,属性栏位置可自由移动(单击边框,鼠标拖动)。

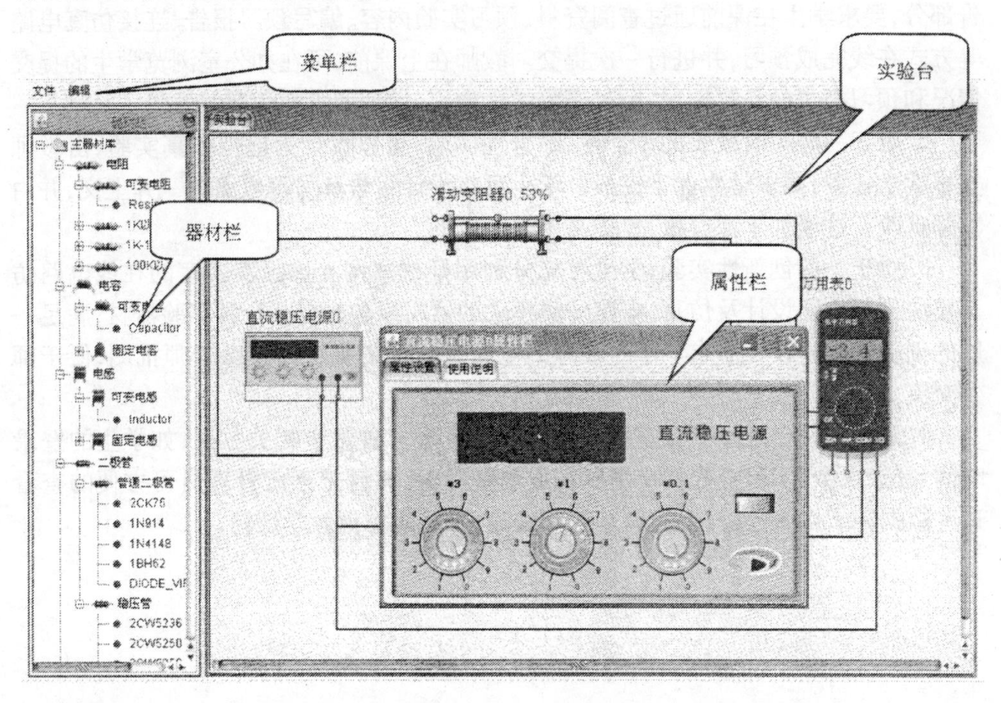

器材栏:提供当前实验所要使用的器材。使用器材的图标和相应描述文字进行显示和说明。

实验台:在此区域中,搭建实验电路,进行实验操作,仪表读数等。

属性栏:提供用户在实验区中所选择的器材的属性和对复杂器材的操作。

菜单栏:提供实验操作平台的操作控制。

第一节 器 材 栏

一、器材栏概述

1. 器材种类

实验操作平台的器材库提供了丰富的元器件和虚拟仪器，包含 200 余种基本实验器材，满足电类基础实验课程需要和创新性实验需求。虚拟器材与真实实验器材在外观和操作方式上基本一致（图 2-1 器件实物），有助于学生通过虚拟操作掌握器材的操作方法。

实验仿真器材：

（1）电阻 常用阻值的电阻（1 k 以下、1 ~ 100 k、100 k 以上）、可变电阻（Resistor）；

（2）电容 可变电容、固定电容（0.01 μF、0.1 μF、10 μF、10 pF、20 μF、50 μF、100 pF、100 μF、200 μF）；

（3）电感 可变电感、固定电感（1 μH、10 μH、100 μH、470 μH、1 mH、3.3 mH、10 mH）；

（4）二极管

普通二极管：2CK75、1N914、1N4148、1BH62、DIODE _ VIRTUAL；

稳压管：2CW5236、2CW5250、2CW5256、1N4728A、1N4735A；

结型场效应管：JFET-NJF（3DJ6F、2N3819、2N4393）、JFET-PJF（2N2606、2N4318）；

双极型晶体管：（BJT-NPN < 3DD61E、3DG84B、3DG120C、3DG121M、3DG2222、3DK3A、3DK3D、3DK03E、3DK204C、3DK304B、2N1711、2N2222、2N2222A、2N2925、2N3094、2N5629、BJT _ NPN _ VIRTUAL > BJT-PNP < 3CK3A、3CK9D、3CK10D、3CK14F、3CA3E、2N3702、2N3905 >）

（5）仪器仪表 数字直流电流和电压表、数字交流电流和电压表、万用表、信号发生器、示波器、直流稳压电源、功率计、简易信号发生器、泰克示波器、岩崎示波器、频率计、频谱分析仪；

（6）集成运算放大器（UA741、OP37AJ、741）；

（7）开关（单刀单掷开关、单刀双掷开关）；

（8）常用通用器件和信号 滑动变阻器、电位器、AM 调幅信号（AM）、FM 调频信号（FM）、石英晶体振荡器（HC _ 49U _ 3MHz）、乘法器（Multiplier）、高低电平；

（9）74LS 系列芯片码管 74LS 系列（74LS00、74LS02、74LS04、74LS08、74LS20、

74LS32、74LS48、74LS74、74LS85、74LS86、74LS90、74LS112、74LS125、74LS138、74LS148、74LS151、74LS153、74LS160、74LS161、74LS166、74LS169、74LS164、74LS175、74LS195、74LS183、74LS283）、CC 系列（CC4001、CC4012、CC4071）、555 定时器、数字逻辑门（2 输入端与门、2 输入端与非门、2 输入端或门、2 输入端与非门、AD 桥、DA 桥、非门）、脉冲笔、逻辑分析仪、发光二极管、数码管、连通板等。

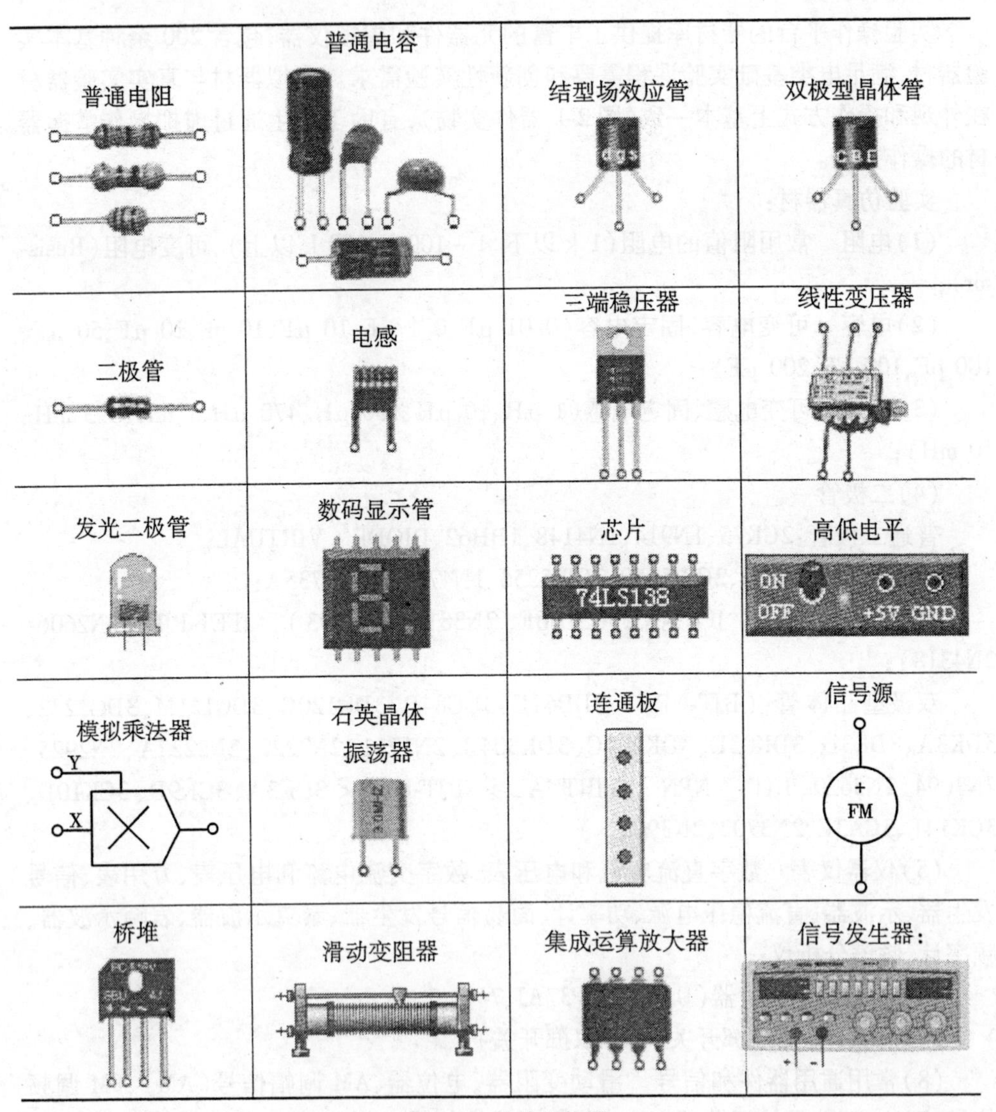

图 2-1 器件实物图

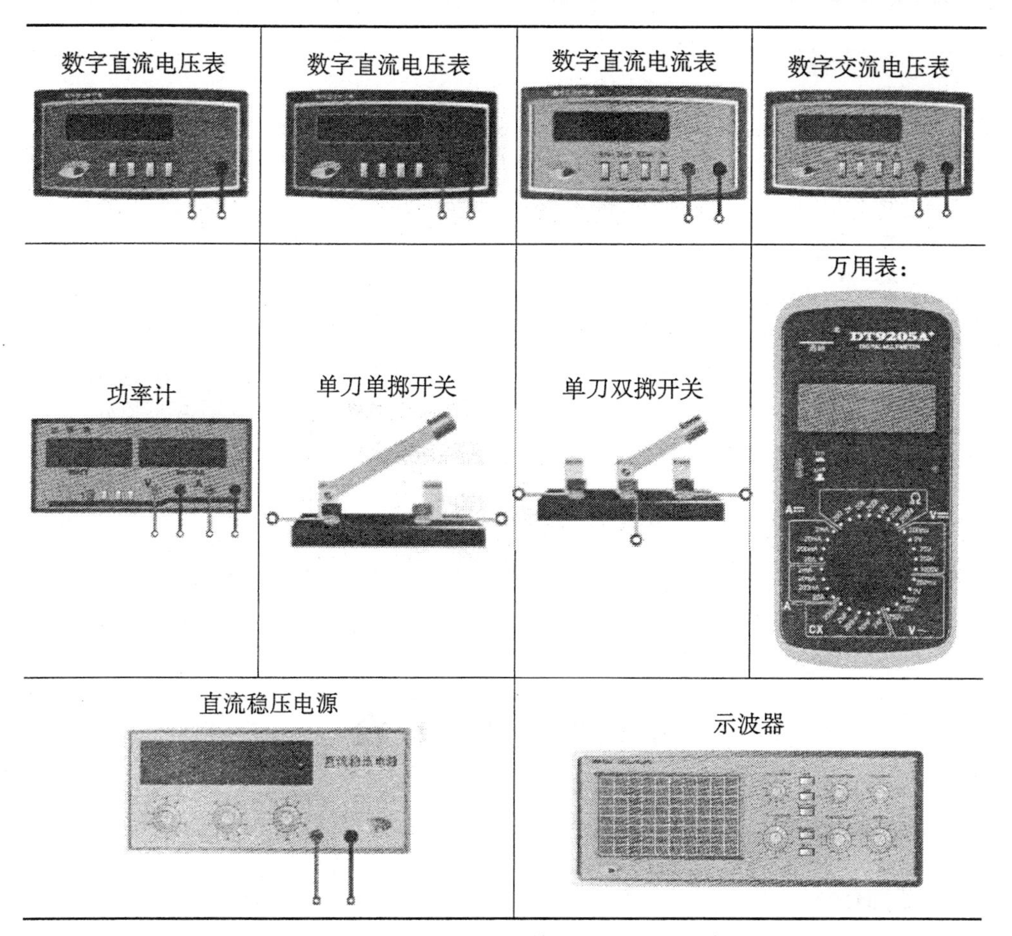

图 2-1（续）

2. 器材实物栏

器材实物栏由各类器材实物及符号显示，呈树状。点击器材树的结点处，可以打开或收起各类器材列表，如图 2-2 所示。

二、器材栏操作

显示和关闭器材栏。

在实验平台任意位置单击鼠标右键，弹出如图 2-3 所示窗口，点击【显示器材栏】，弹出器材实物栏及器材属性窗口，如图 2-2 所示，从器材实物栏中可以选择实验所需要的器材。

当器材栏窗口处于显示状态下，在实验平台任意位置单击鼠标右键，弹出如图 2-3 所示的关闭器材栏窗口。点击【关闭器材栏】，器材实物栏及属性将被隐藏。

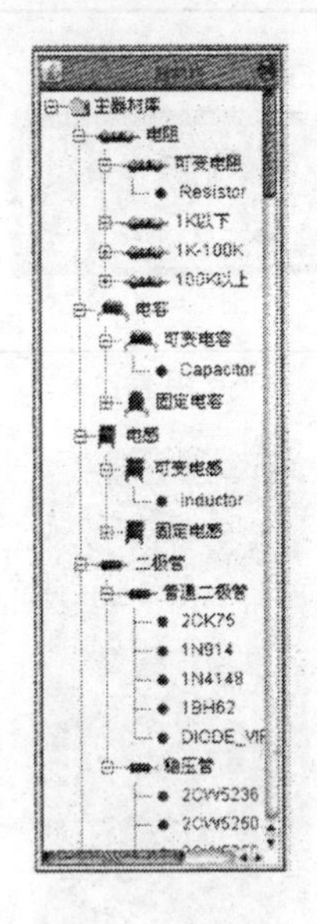

图 2-2　器材栏

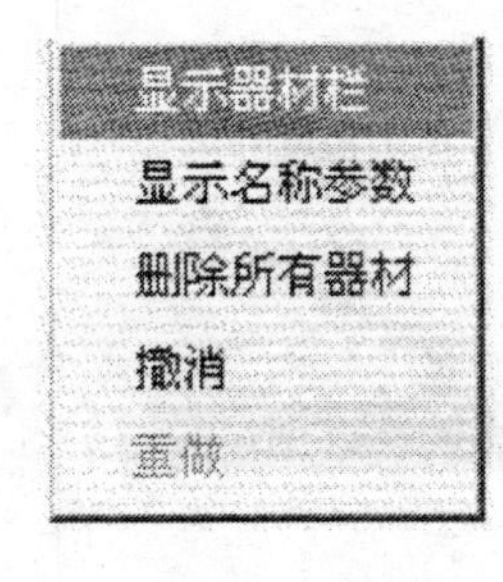

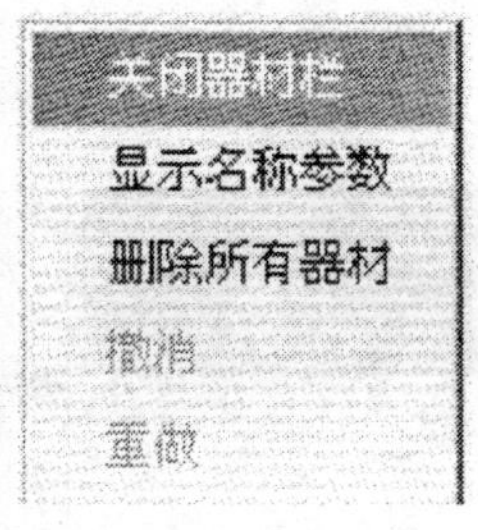

图 2-3　显示器材栏和关闭器材栏

第二节　实　验　台

一、器材操作

1. 添加器材

选择器材栏的某个器材并单击鼠标左键，然后将光标移动到实验平台的合适位置（这期间可以放松鼠标左键），再单击左键，这时系统会自动在该器材实物的四周加上红框，如图 2-4 所示，表示该器材的有效操作区域，现在的所有操作都是针对它进行的。于是所选器材实物将被添加到实验平台上。

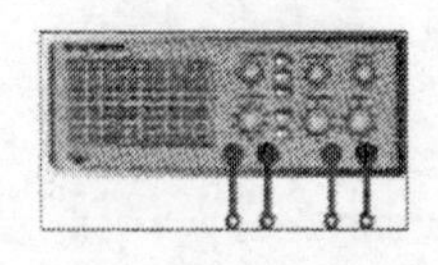

图 2-4

2. 移动器材

实验器材添加到实验平台上后，可以自由移动器材的位置。选中器材后，单击左键并拖动，器材随光标在实验平台内任意移动，直到位置满意为止，放开左键，器材在新位置上显示出来。

3. 删除器材

选择实验平台的器材，单击右键会出现如图 2-5 所示的菜单。菜单中包含“显示（关闭）器材栏”、“删除器材：xxx”、“显示名称参数”、“属性”、“撤销”、“重做”六项功能。单击【删除器材】，出现对话框，如图 2-6 所示，点击【确定】按钮即可完成删除该器材的操作。

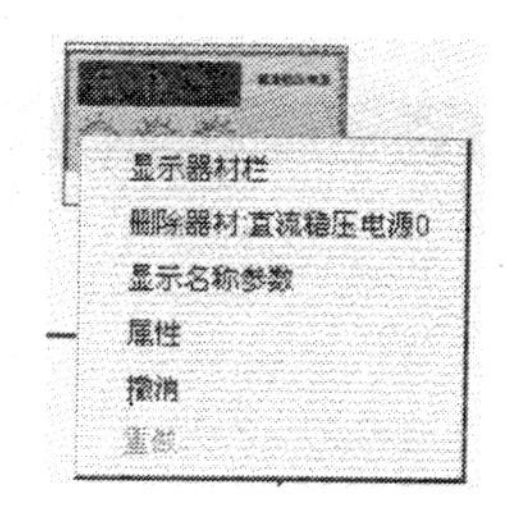

图 2-5

图 2-6

将鼠标移到实验平台的空白处，点击右键出现菜单（图 2-7），点击【删除所有器材】，出现对话框如图 2-8 所示，点击【确定】按钮，可将平台上的全部器材删除。

图 2-7

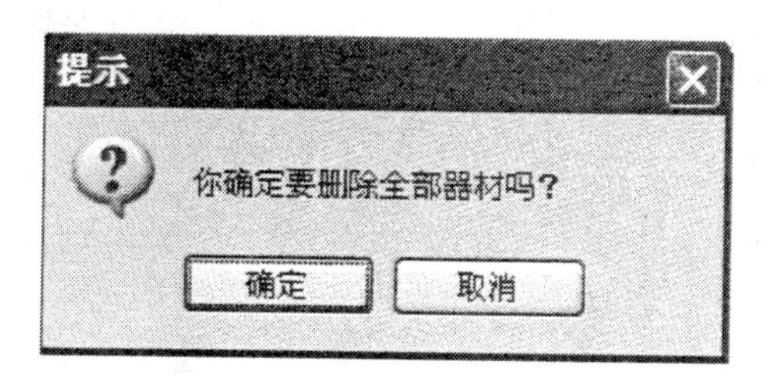

图 2-8

二、器材连线

实验区的器材，均有接线处。器材节点（接线处）用黑色圆环表示。当光标在某一节点附近，光标变成小手形状，此时单击左键，从此点拖出蓝色导线。导线随光标位置移动。当光标靠近另一个黑色圆环时，在圆环处单击左键，完成连线，导线固定。

导线的删除：单击某一导线，导线变粗，右键单击导线，弹出菜单选择删除导线。

导线没有属性栏，其特性如下：

1. 导线为直线，且只能为竖直或水平方向；
2. 两条导线可交叉，互不影响；
3. 两条导线除节点可相同外，不能出现重合部分；

4. 导线可拐弯，拖出待连导线后，在任意空白处单击左键，可作为固定的拐点。点击右键表示放弃连线；

5. 同一节点可同时连接多根导线。

三、显示/隐藏名称参数

在实验台内，可以通过右键控制器件参数的显示或隐藏，如图 2-9 所示。

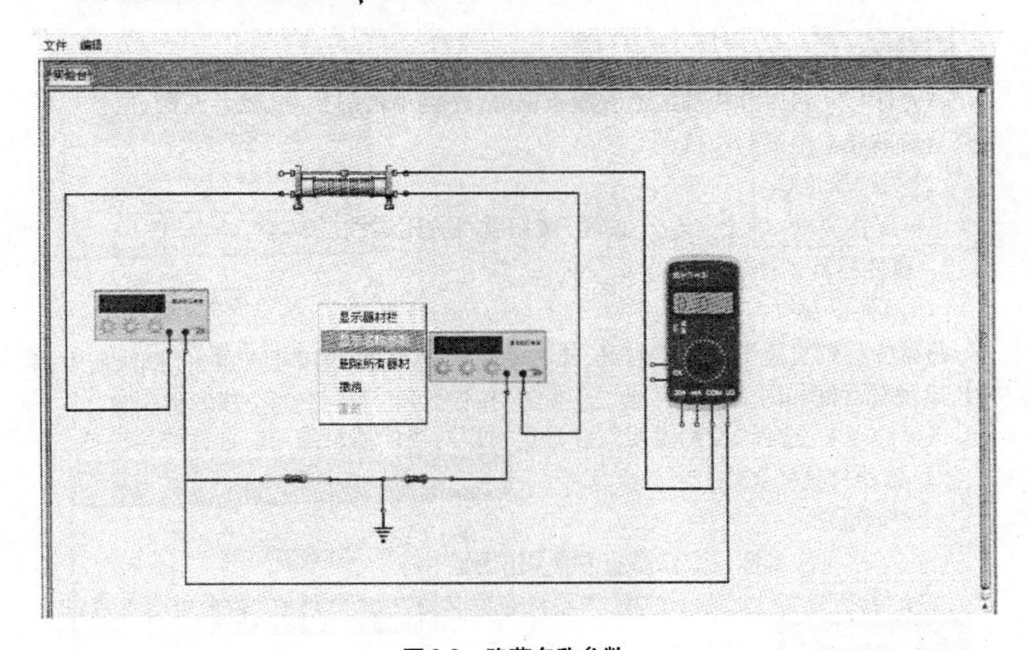

图 2-9 隐藏名称参数

点击“隐藏名称参数”后，器件名称参数被隐藏。同样，可以通过右键菜单显示名称参数，如图 2-10 所示。

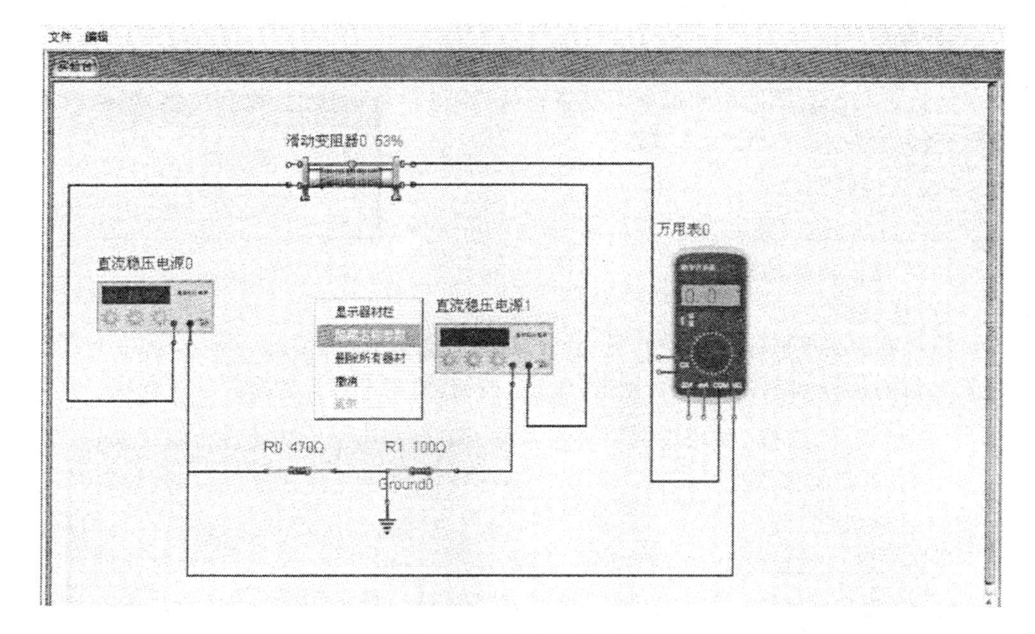

图 2-10　显示名称参数

第三节　属 性 栏

一、概述

每一器材的属性栏均由“属性设置”和“使用说明”两页组成。单击按钮处可以显示相应的内容。

利用“属性设置”页可实现对数字直流电流表、数字直流电压表、万用表、信号发生器、示波器等器材的实际按钮、按键等的操作。可实现对电阻、电容、电感等器材进行参数和名称设置。

“使用说明”页用文字介绍该器材的使用方法和注意事项。

二、属性栏操作

1. 属性栏的显示

(1)器材栏中的全部器材都有对应的属性栏。导线没有属性栏。

(2)通过在在器材上点击右键选择“属性”,可以显示属性栏。

(3)所有器材的属性栏可以同时显示。

2. 属性栏的移动和关闭

(1)属性栏移动

将光标移动到属性栏的最上方横条框处,左键单击后拖动,放开左键,属性栏移动到当前虚线框停留的位置。

(2)关闭属性栏

点击属性栏的“确定”或者“关闭”按钮就可关闭属性栏。

3. 属性栏具体操作

(1)属性设置页

在属性栏中的属性设置页面中,可以对当前器材的属性进行设置。

(2)使用说明页

在属性栏中,选择“使用说明”,在这里可以对当前器材的功能进行解释说明。

(3)各器材具体属性

① 普通电阻

可进行相应的属性设置以及查看使用说明。

通过“参数设置”页可对电阻的“器材名称名称”及“电阻值”两个可变参数进行设置,如图 2-11 所示。

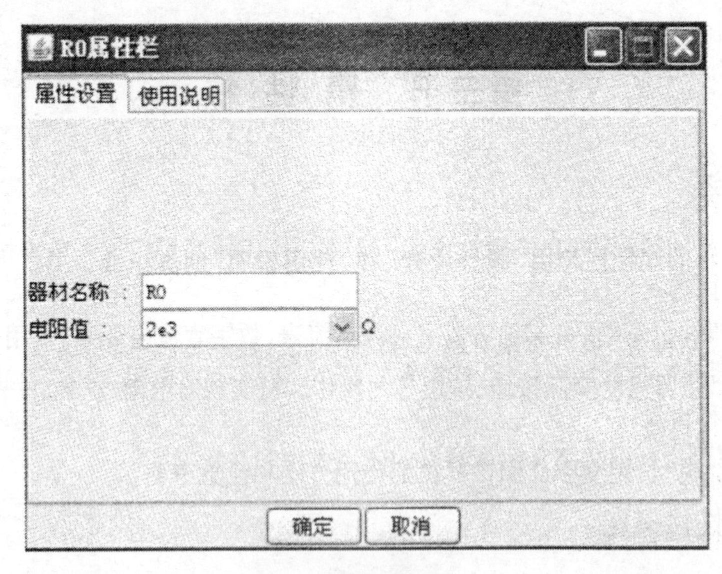

图 2-11 电阻属性设置

【器材名称】默认名字为“Rn”(n = 0,1,2,3,…)

在向实验区放置一个新的电阻时,系统默认它的名称中的 n 的取值为当前平台上的电阻个数减1。如平台上已有3个电阻,新放置的第4个电阻的名称将自动设置为“R3”。

直接在“器材名称”编辑框内填写,然后点击“确定”,就可以给电阻改名。可输入中文、英文(大小写均可)或数字以及其他符号。

【电阻值】默认电阻值为2000欧姆。

直接在“电阻值”编辑框内填写新的电阻值,然后点击“确定”,就可以改变该电阻的阻值。也可以点击编辑栏旁边的下拉箭头,选择电阻值。固定电阻只能改变器材名称,不能改变电阻值。

② 电容

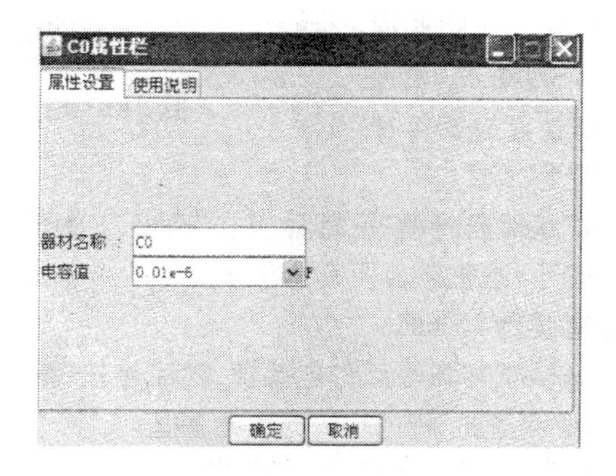

图2-12　电容属性设置

可进行相应的属性设置以及查看使用说明。

通过“参数设置”页可对电容的“器材名称”及“电容值”两个可变参数进行设置,如图2-12所示。

【器材名称】默认名字为“Cn”(n=0,1,2,3,…)

在向实验区放置一个新的电容时,系统默认它的名称中的n的取值为当前平台上的电容个数减1。如平台上已有3个电容,新放置的第4个电容的名称将自动设置为“C3”。

直接在“器材名称”编辑框内填写,然后点击“确定”,就可以给电容改名。可输入中文、英文(大小写均可)或数字以及其他符号。

【电容值】默认电阻值为0.01 μF。

直接在“电容值”编辑框内填写新的电容值,然后点击“确定”,就可以改变该电容值。也可以点击编辑栏旁边的下拉箭头,选择电容值。

固定电容只能改变器材名称,不能改变电容值。

③ 电感

可进行相应的属性设置以及查看使用说明。

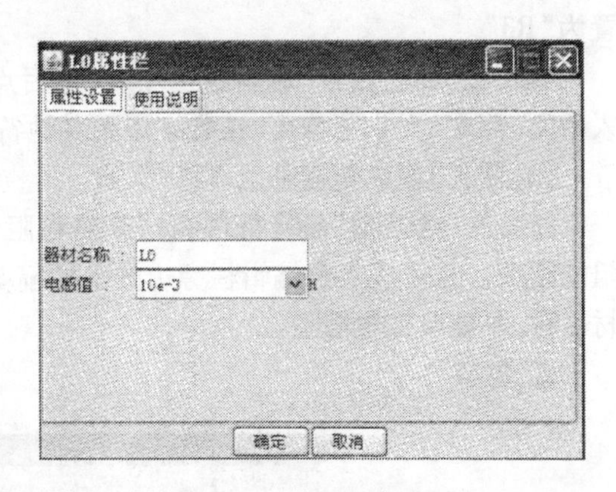

图 2-13 电感属性设置

通过“参数设置”页可对电感的“器材名称”及“电感值”两个可变参数进行设置,如图 2-13 所示。

【器材名称】默认名字为“Ln”(n=0,1,2,3,…)

在向实验区放置一个新的电感时,系统默认它的名称中的 n 的取值为当前平台上的电感个数减 1。如平台上已有 3 个电感,新放置的第 4 个电感的名称将自动设置为“L3”。

直接在“器材名称”编辑框内填写,然后点击“确定”,就可以给电感改名。可输入中文、英文(大小写均可)或数字以及其他符号。

【电感值】默认电感值为 10 mH。

直接在“电感值”编辑框内填写新的电感值,然后点击“确定”,就可以改变该电感值;也可以点击编辑栏旁边的下拉箭头,选择电感值。

固定电感只能改变器材名称,不能改变电感值。

④ 直流稳压电源

如图 2-14 所示,可进行相应的属性设置以及查看使用说明 。

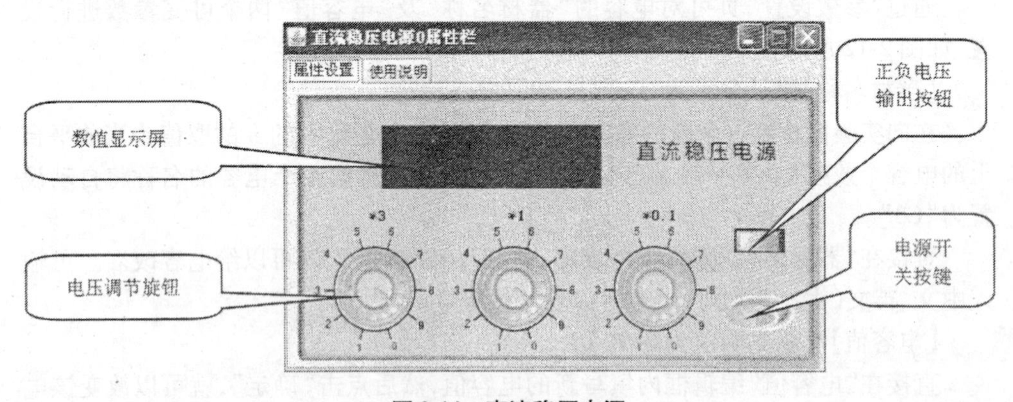

图 2-14 直流稳压电源

直流稳压电源输出电压 -36.9 ~ +36.9 V,LED 显示屏可显示电压调节值。

正负电压输出按钮,当按钮弹起时输出的是正电压,按下按钮则输出负电压。

⑤ 数字直流电压表

如图 2-15 所示,可进行相应的属性设置以及查看使用说明。

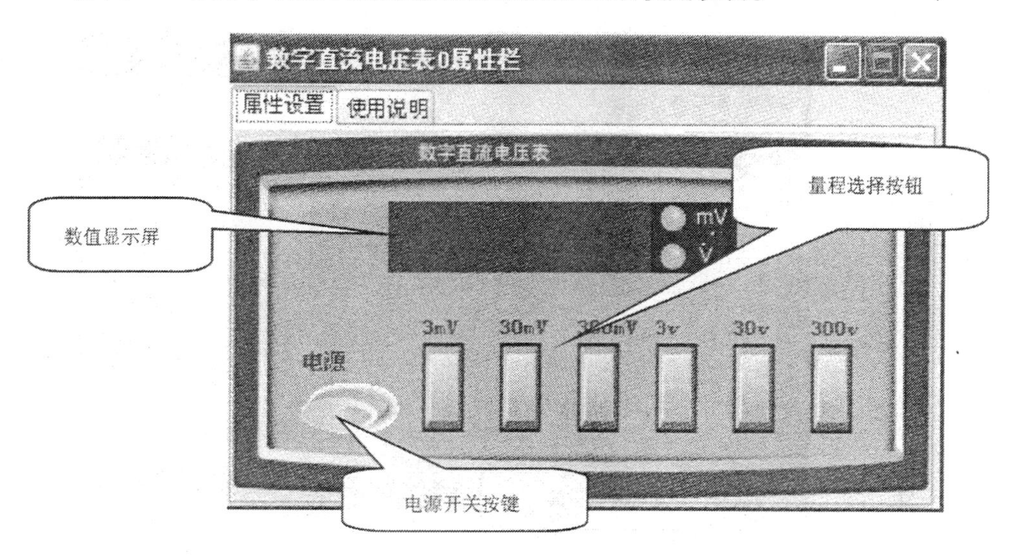

图 2-15　数字直流电压表

数字直流电压表的量程为 3 mV、30 mV、300 mV、3 V、30 V、300 V

⑥ 数字直流电流表

如图 2-16 所示,可进行相应的属性设置以及查看使用说明。

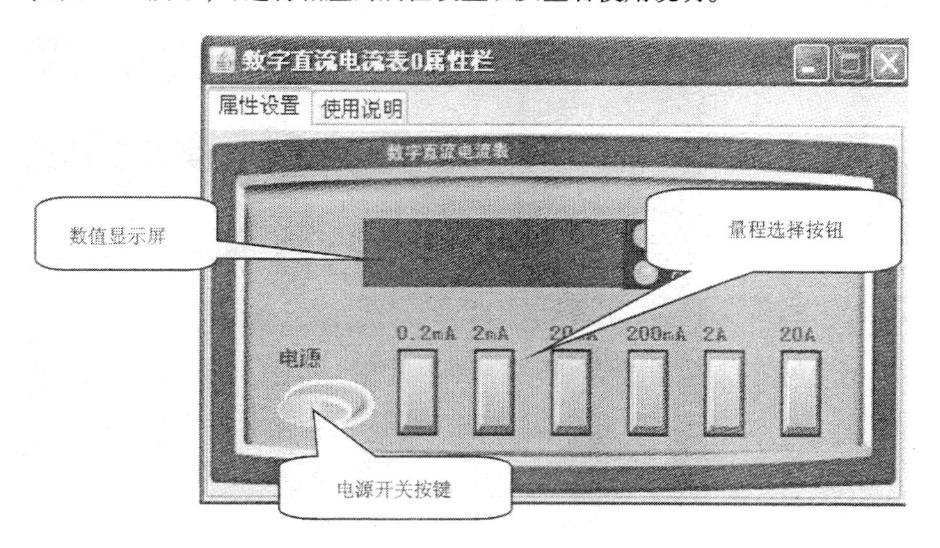

图 2-16　数字直流电流表

数字直流电流表的量程为 0. 2 mA、2 mA、20 mA、200 mA、2 A、20 A

⑦ 数字交流电压表

如图 2-17 所示,可进行相应的属性设置以及查看使用说明。

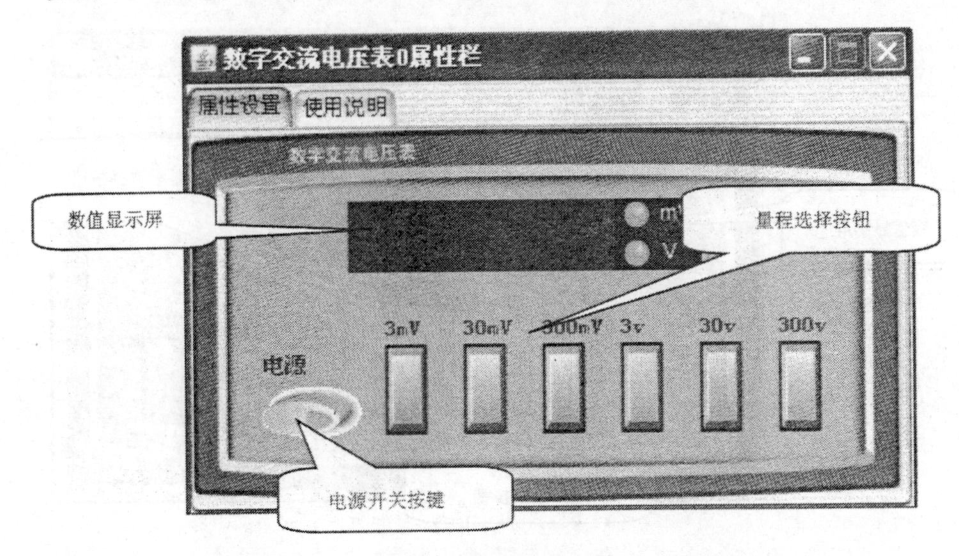

图 2-17 数字交流电压表

数字交流电压表的量程为 3 mV、30 mV、300 mV、3 V、30 V、300 V

⑧ 数字交流电流表

如图 2-18 所示,可进行相应的属性设置以及查看使用说明。

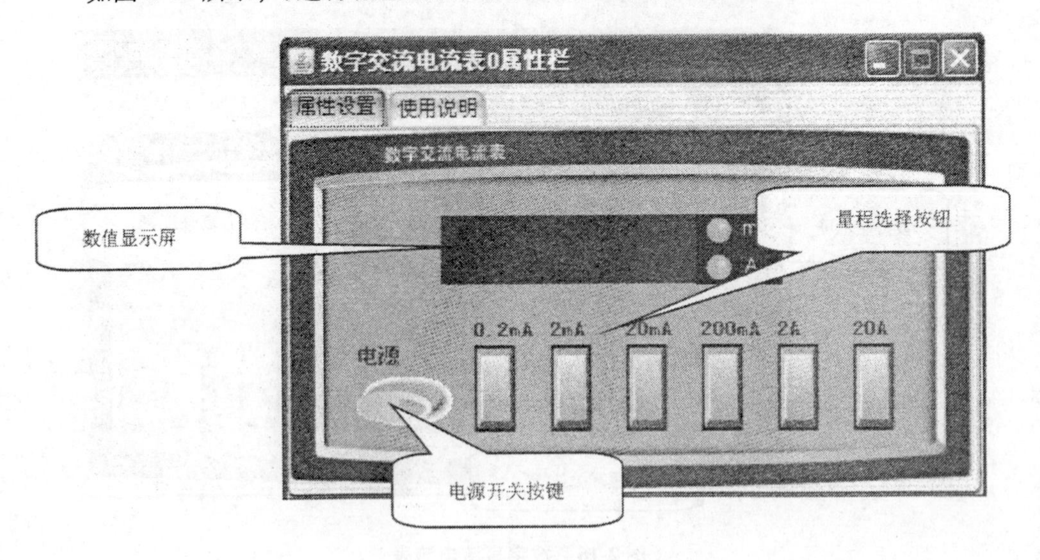

图 2-18 数字交流电流表

数字交流电流表的量程为 0.2 mA、2 mA、20 mA、200 mA、2 A、20 A

⑨万用表

如图 2-19 所示，可进行相应的属性设置以及查看使用说明。

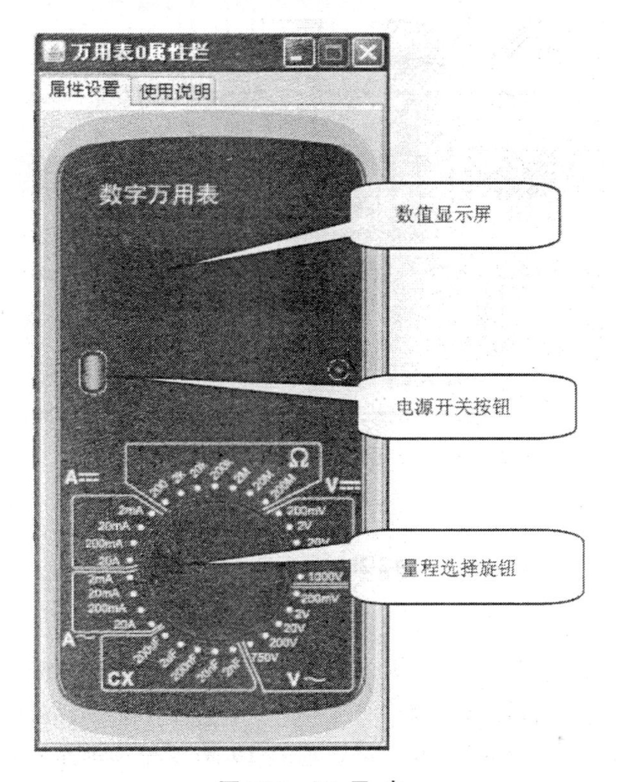

图 2-19　万 用 表

直流电压有 5 个量程，分别为 200 mV、2 V、20 V、200 V、1000 V；交流电压有 5 个量程，分别为 200 mV、2 V、20 V、200 V、750 V；直流电流有 4 个量程，分别为 2 mA、20 mA、200 mA、20 A；交流电流有 4 个量程，分别为 2 mA、20 mA、200 mA、20 A；电阻有 7 个量程，分别为 200 Ω、2 kΩ、20 kΩ、200 kΩ、2 MΩ、20 MΩ、200 MΩ；电容有 5 个量程，分别为 200 μF、2 μF、200 nF、20 nF、2 nF。

⑩ 信号发生器

如图 2-20 所示，可进行相应的属性设置以及查看使用说明。

1. 电源开关按键
2. 波形选择按键：正弦波
3. 波形选择按键：方波
4. 波形选择按键：三角波
5. 复位按键
6. 振幅 20 DB 衰减按键
7. 振幅 40 DB 衰减按键
8. 振幅调节旋钮

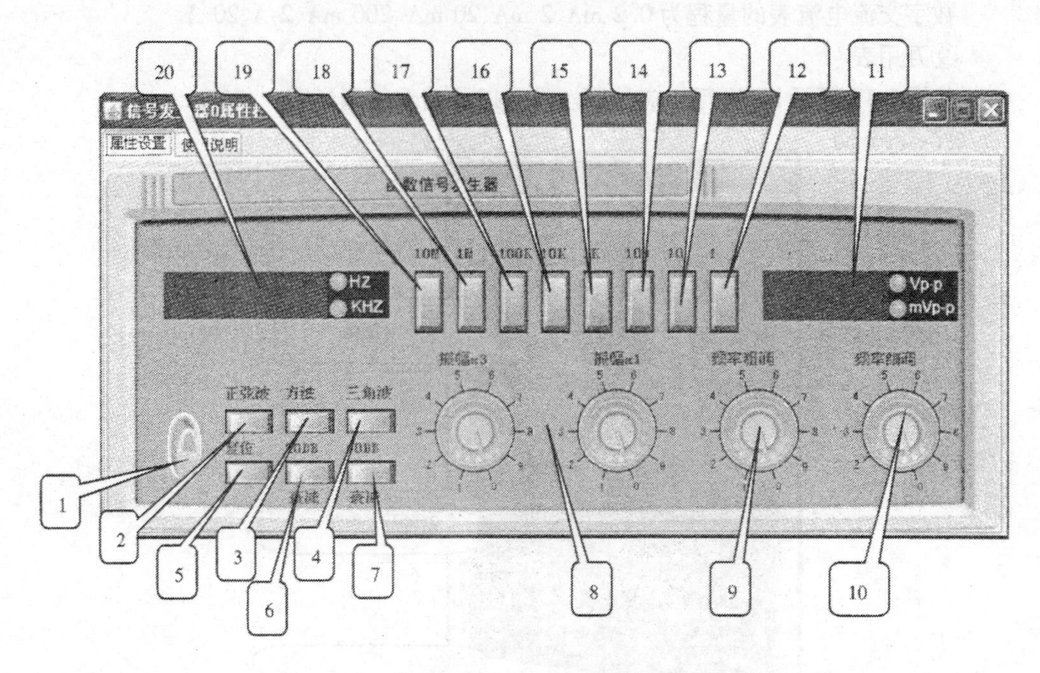

图 2-20 信号发生器

9. 频率粗调旋钮　　10. 频率微调旋钮

11. 振幅数值显示屏　　12. 频率单位选择按键:1 Hz

13. 频率单位选择按键:10 Hz　　14. 频率单位选择按键:100 Hz

15. 频率单位选择按键:1 kHz　　16. 频率单位选择按键:10 kHz

17. 频率单位选择按键:100 kz　　18. 频率单位选择按键:1 MHz

19. 频率单位选择按键:10 MHz　　20. 频率数值显示屏

⑪示波器

如图 2-21 所示,可进行相应的属性设置以及查看使用说明。

1. 输出通道 1 的波形
2. 输出通道 2 的波形
3. 同时输出通道 1 和通道 2 的波形
4. 通道 1 纵轴位置调节旋钮
5. 通道 1 纵轴增益调节旋钮,刻度值可在面板图上直接读出
6. 通道 2 纵轴位置调节旋钮
7. 通道 2 纵轴增益调节旋钮,刻度值可在面板图上直接读出
8. 横轴位置调节旋钮

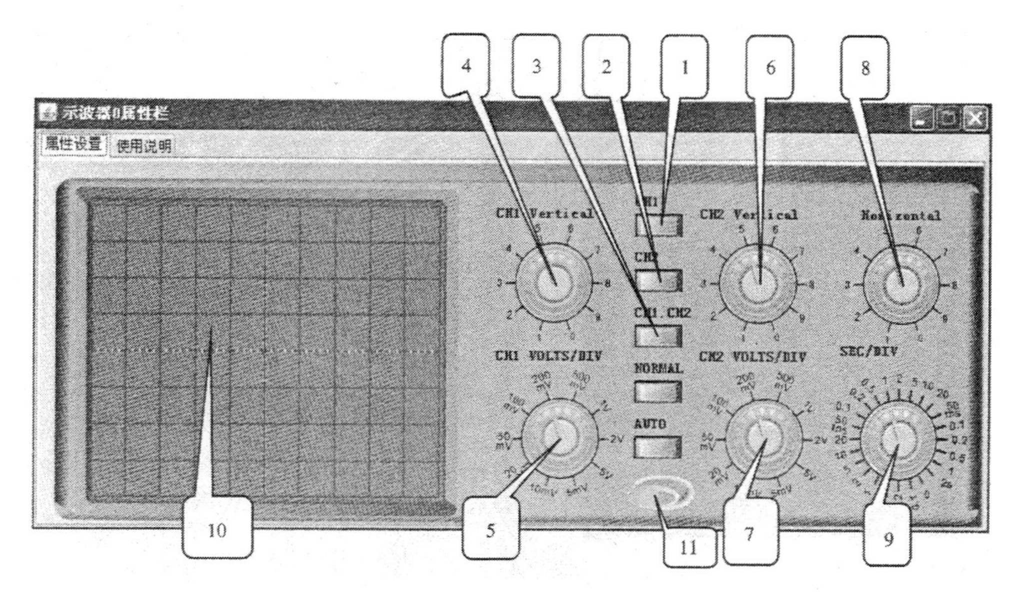

图 2-21　示 波 器

9. 横轴增益调节旋钮，刻度值可在面板图上直接读出

10. 波形显示屏

11. 电源开关按键

⑫泰克示波器 TDS1012

如图 2-22 所示，可进行相应的属性设置。

1. 电源开关。

2. CH1 通道开关，显示垂直菜单选项并且打开或关闭 CH1 通道波形显示。

3. CH2 通道开关，显示垂直菜单选项并且打开或关闭 CH2 通道波形显示。

4. MATH 通道开关，显示波形的数学运算并且可用于打开和关闭数学波形。

5. 伏/格，CH1 路波形垂直方向选择标定的刻度系数，顺时针旋转刻度值变大，逆时针旋转刻度值变小。

6. 伏/格，CH2 路波形垂直方向选择标定的刻度系数。顺时针旋转刻度值变大，逆时针旋转刻度值变小。

7. CH1 垂直位置及光标 1 位置调节，可垂直定位波形。显示和使用光标时，LED 变亮以指示移动光标时，按钮的可选功能。

8. CH2 垂直位置及光标 2 位置调节，可垂直定位波形。显示和使用光标时，LED 变亮以指示移动光标时，按钮的可选功能。

9. 秒/格，为主时基或窗口时基选择水平的时间/格（刻度系数）。如“窗口区”被激活，通过更改窗口的时基可以改变窗口宽度。

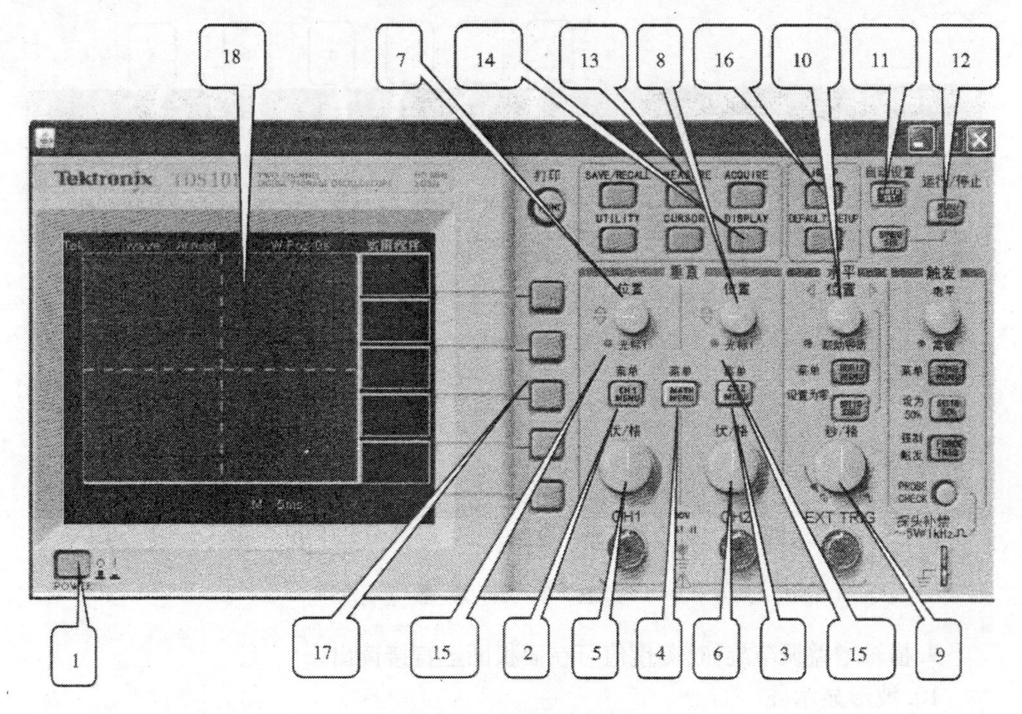

图 2-22 泰克示波器

10. 水平位置调节，调整所有通道和数字波形的水平位置。这一控制分辨率随时基设置的不同而改变。

11. 自动设置示波器控制状态，以产生适用于输出信号的显示图形。

12. 运行/停止，连续采集波形或停止采集。

13. 测量，显示自动测量菜单。

14. 显示“光标菜单”。当显示“光标菜单”并且光标被激活时，“垂直位置”控制方式可以调整光标的位置。离开“光标菜单”后，光标保持显示（除非“类型”选项设置为“关闭”），但不可调整。

15. 光标指示灯。

16. 帮助，显示“帮助”页面。

17. 功能按钮区域。

18. 波形显示屏。

泰克示波器 TDS1012 波形显示面板如图 2-23 所示。

1. CH1 通道波形　　2. CH2 通道波形

3. CH1 通道的通道号　　4. CH2 通道的通道号

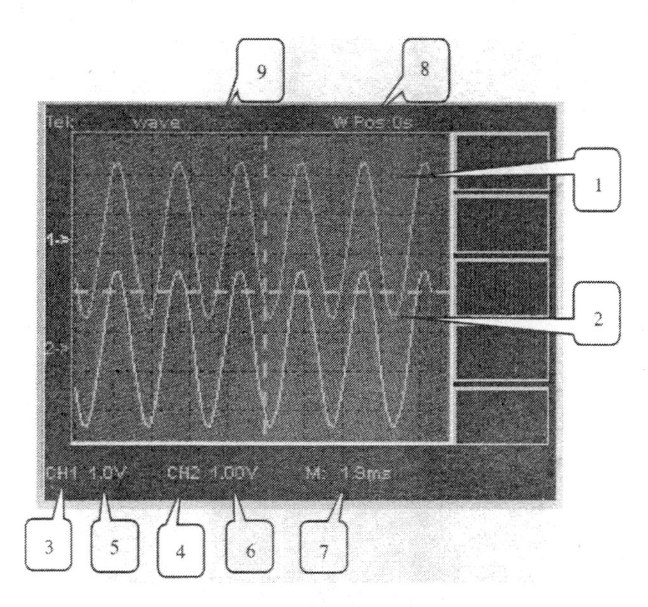

图 2-23　泰克示波器波形显示面板

5. CH1 通道的垂直刻度系数　　6. CH2 通道的垂直刻度系数

7. 水平刻度系数　　8. 左边缘刻度线的时间

9. 运行/停止指示：STOP 停止、READY 运行

功能按键区域操作设置如图 2-24 至图 2-27 所示。

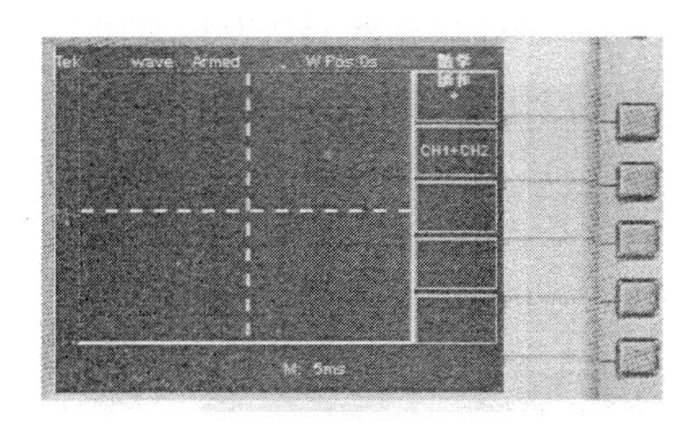

图 2-24

按下垂直控制中的 MATH MENU 按钮，显示功能区域将显示：操作。

操作：+、-：

显示为"+"时：有 CH1 + CH2 选项，如图 2-24 所示。

显示为"-"时：有 CH1 - CH2、CH2 - CH1 选项，如图 2-25 所示。

测量：

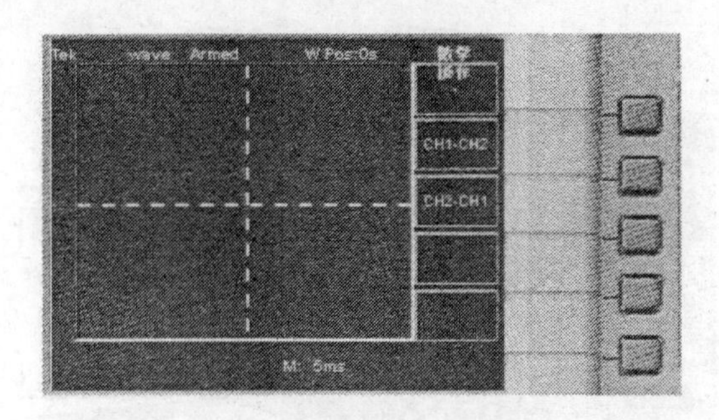

图 2-25

选择按钮 MEASURE 显示功能区域将显示测量菜单,如图 2-26 所示。

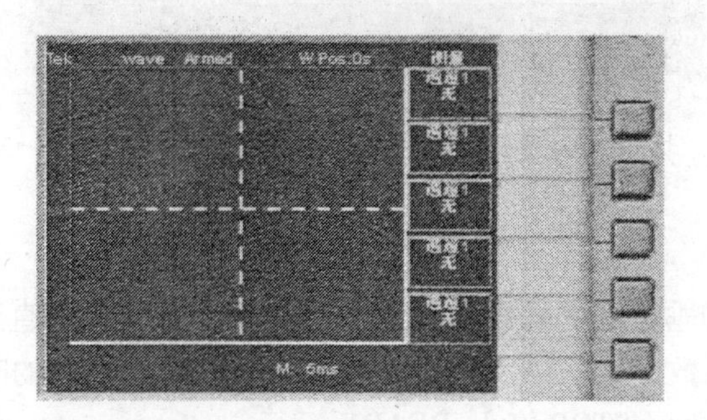

图 2-26

通过功能按钮选择所要测量的数据源:CH1、CH2,如图 2-27 所示。

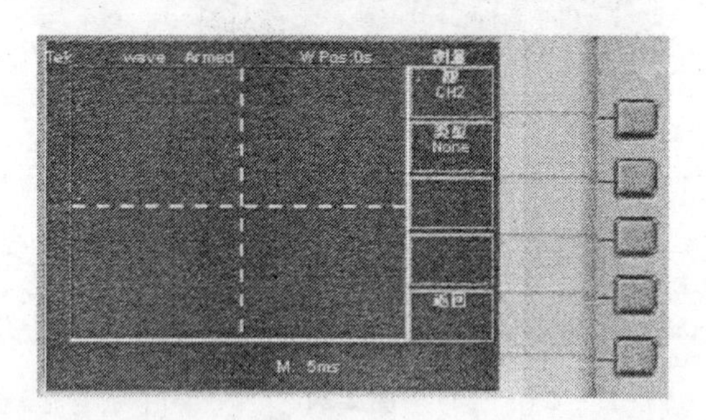

图 2-27

类型:None、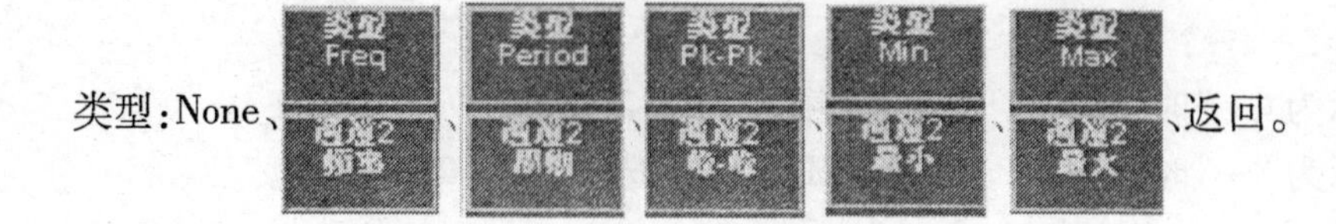、返回。

光标：

选择按钮 CURSOR 显示功能区域将显示光标菜单，如图 2-28 所示。

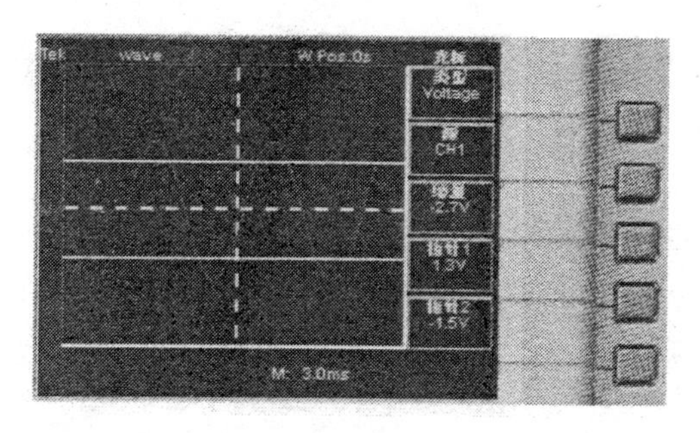

图 2-28

类型：Off、Voltage、Time

源：CH1、CH2、MATH

当选择 Voltage、Time 类型时垂直控制区 LED 变亮以指示可以移动光标。

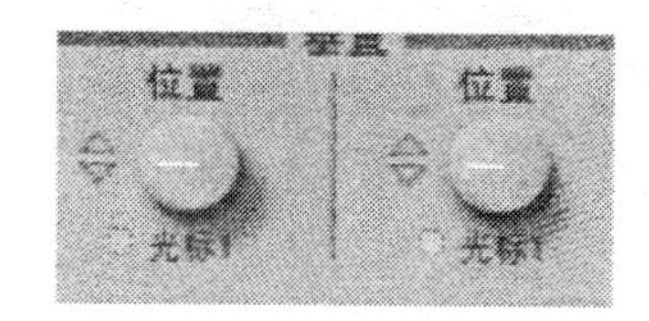

图 2-29

光标 1 控制光标 1，光标 2 控制光标 2，如图 2-29 所示。

⑬岩崎示波器 SS－7802A

如图 2-30 所示，可进行相应的属性设置

1. 电源开关。

2. CH1 通道开关，打开或关闭 CH1 通道波形显示。

3. CH2 通道开关，打开或关闭 CH2 通道波形显示。

4. ADD，显示两个通道波形之和（CH1＋CH2）。

5. INV，显示两个通道波形之差（CH1－CH2），必须在 ADD 按下的情况下才起作用。

6. POSTION，CH1 可垂直定位波形。顺时针旋转，波形向上移动，逆时针旋转，波形向下移动。

7. POSTION，CH2 可垂直定位波形。顺时针旋转，波形向上移动，逆时针旋转，波形向下移动。

8. VOLTS/DIV，CH1 路波形垂直方向选择标定的刻度系数，顺时针旋转刻度值

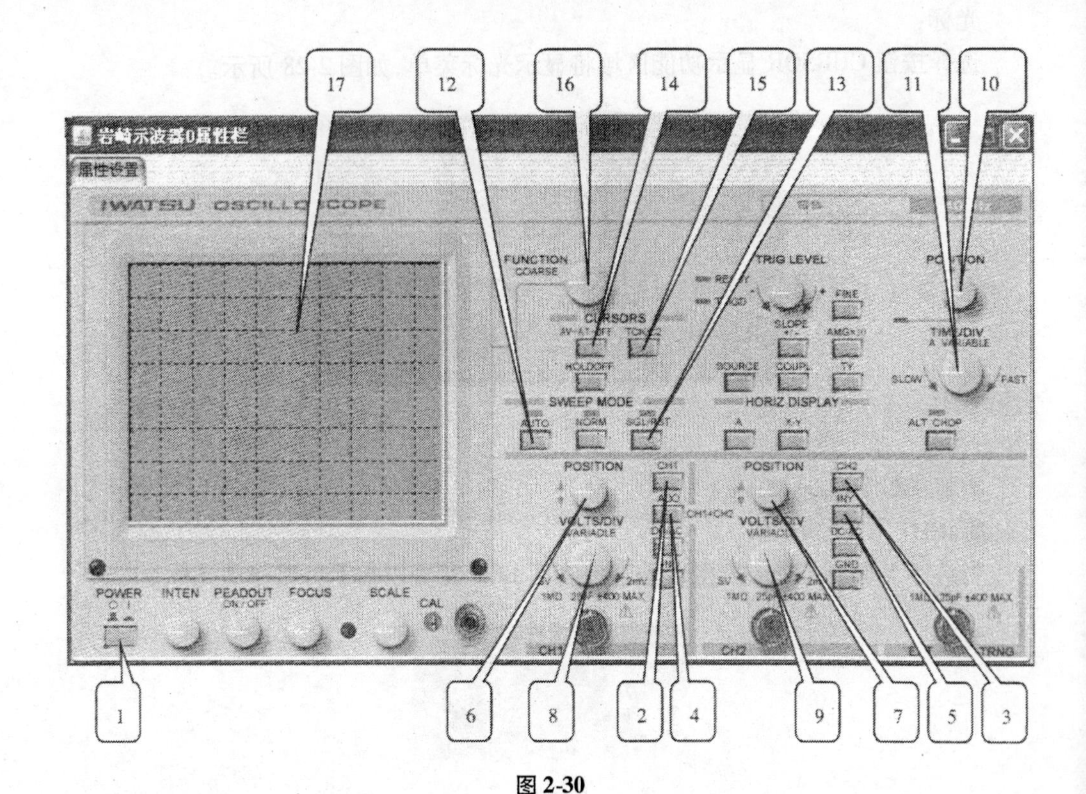

图 2-30

变大,逆时针旋转刻度值变小。

9. VOLTS/DIV,CH2 路波形垂直方向选择标定的刻度系数,顺时针旋转刻度值变大,逆时针旋转刻度值变小。

10. 水平位置调节,调整所有通道和数字波形的水平位置。

11. TIME/DIV,为主时基或窗口时基选择水平的时间/格(刻度系数)。

12. AUTO,自动设置示波器控制状态,以产生适用于输出信号的显示图形,按下时 LED 灯亮。

13. SGL/RST,运行/停止,连续采集波形或停止采集,按下时 LED 灯亮。

14. ΔT - ΔV-OFF,选择测量对象,选择 ΔV(电压量测)或 Δt(时间量测)。

15. TCK/C2,选择光标,每按一次 TCK/C2,光标及其序号按以下顺序改变:C1(光标 1)→C2(光标 2)→TCK(跟踪)→C1(光标 1)。

16. FUNCTION,调整光标位置。

17. 波形显示屏。

岩崎示波器显示面板如图 2-31 所示。

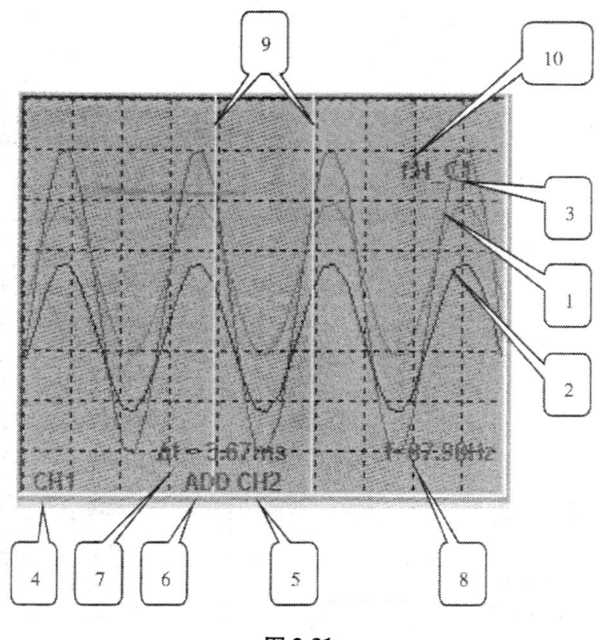

图 2-31

1. CH1 通道波形。
2. CH2 通道波形。
3. CH1 + CH2 通道波形。
4. CH1 通道的通道号。
5. CH2 通道的通道号。
6. CH1 + CH2 通道的通道号。
7. ΔV 或 Δt 的测量值。
8. 频率的测量值。
9. 两条测量标线。
10. 功能模式，包括：

f：H-C1、f：H-C2、f：H-TRACK、v：H-C1、v：H-C2、v：H-TRACK

⑭高低电平

如图 2-32 所示，可进行相应的属性设置以及查看使用说明。

⑮脉冲源

如图 2-33 所示，可进行相应的属性设置以及查看使用说明

⑯脉冲笔

如图 2-34 所示，可进行相应的属性设置以及查看使用说明。

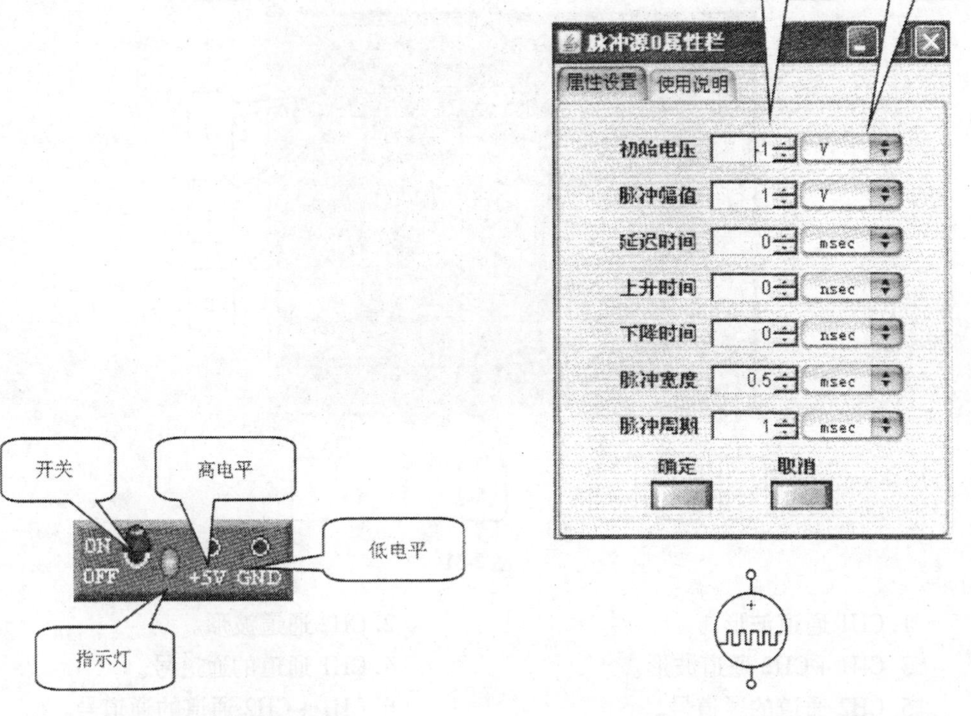

图 2-32 高低电平设置

图 2-33 脉冲源设置

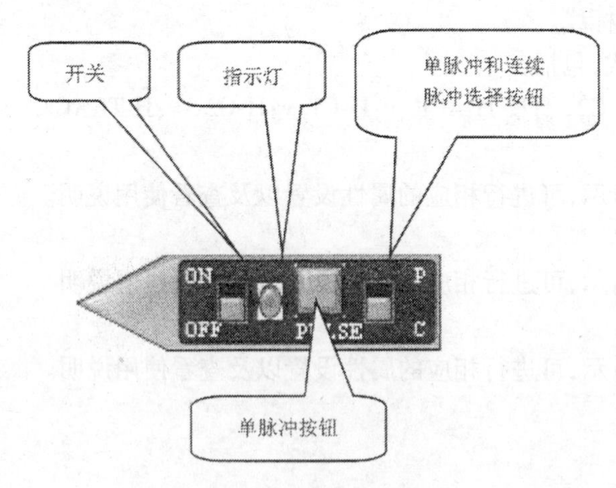

图 2-34 脉冲笔设置

第四节　菜 单 栏

一、“文件”菜单

点击菜单栏“文件”菜单，如图 2-35 所示。

“文件”菜单下有两个菜单项。“保存至本地”可以将当前实验台的仿真电路保存为“. nru”格式文件，存储在本地电脑中；“从本地读入”可以读取本地存储的“. nru”格式仿真电路文件到实验台。

图 2-35

二、“编辑”菜单

点击菜单栏“编辑”菜单，如图 3-36 所示。

“编辑”菜单下有两个菜单项，“撤销”可以撤销实验台中的上一步操作，“重做”可以恢复刚刚撤销的操作。

需要指出，在实验台空白处点击右键，也可以通过右键菜单中的“撤销”和“重做”选项完成相应操作，如图 2-37 所示。

图 2-36

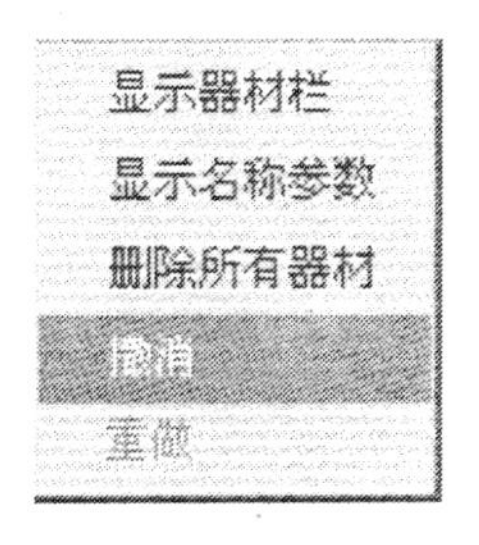

图 2-37

第三章　系统角色及权限

系统共分为系统管理员、教务人员、教师、学生四种角色，每一种角色具有相应权限。

下图为各角色功能权限流程图。

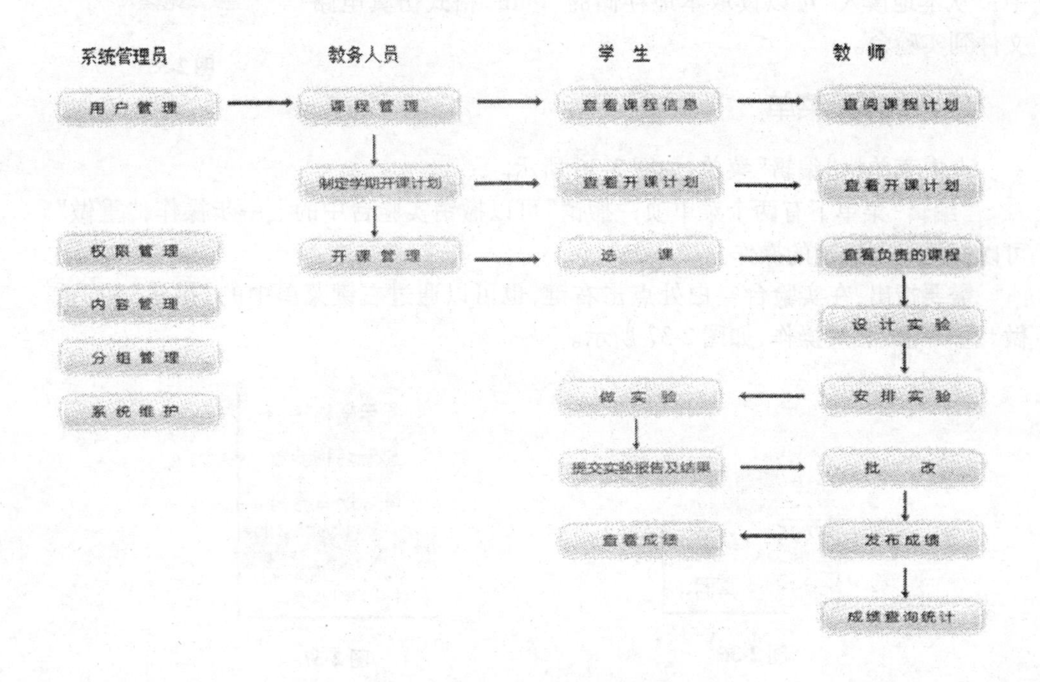

第一节　系统管理员

系统管理员主要对系统用户账号和实验学生班级分组进行管理，提供导入/导出、增、删、查、改功能，并对参加实验教学的角色和相应权限进行维护，同时还可以查看在线用户人数，查看用户功能访问、用户登录记录等。

在首页输入系统管理员用户名和密码登录，出现系统管理员主页面，如图 3-1 所示。

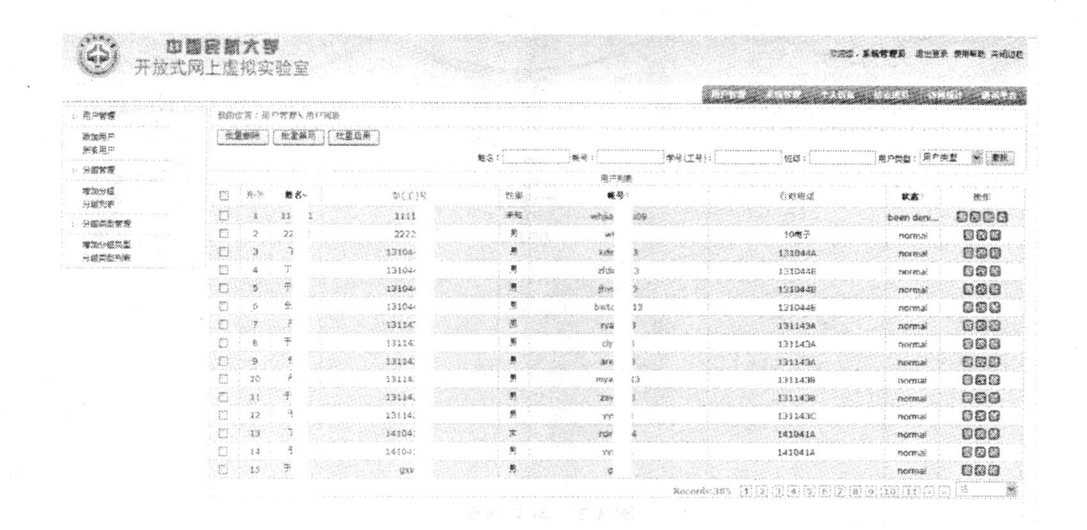

图 3-1　系统管理员主页面

一、用户管理

系统管理员根据学校教学要求,对进入系统的用户(教务人员、教师、学生)账号和班级分组进行导入、导出、添加、修改或删除等操作。分组和用户添加完毕,可通过用户列表查看用户的状态,还可对添加的用户信息和分组信息进行查询、禁用和修改。

二、系统管理

系统管理员可进行系统角色的添加、权限的设置,如图 3-2、图 3-3 所示角色和权限可以进行灵活配置,每个权限与功能模块的具体操作对应,角色只要拥有相应的权限,便具备相应功能模块的操作,同时还可以查看各角色进行相应的操作日志。

三、站点成员

系统管理员可分组查看用户信息,可对站点成员进行查看信息、修改信息、删除用户、禁止登录等操作。

点击“站点成员”选项卡,如图 3-4 所示。

四、访问统计

系统管理员可以查看系统的访问记录,包含用户姓名、用户 IP、访问时间,访问

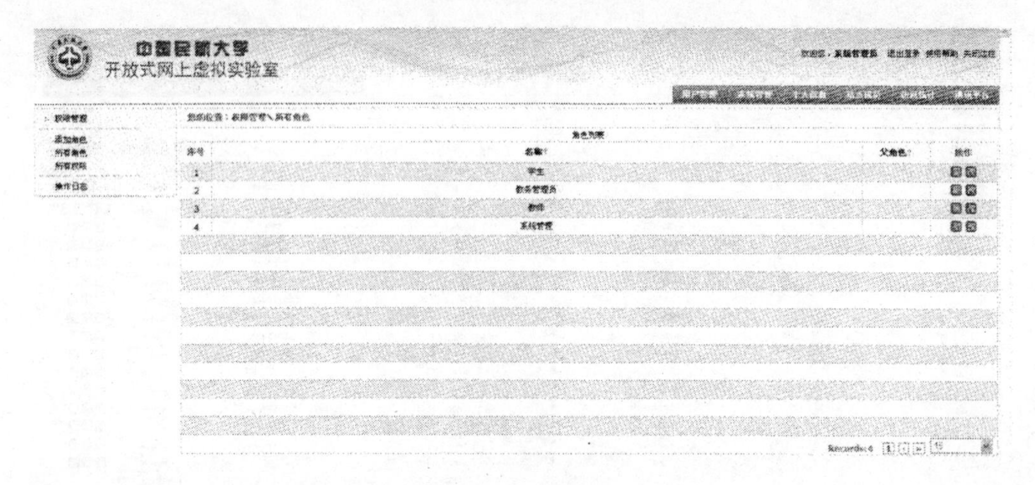

图 3-2 角色列表

中国民航大学
开放式网上虚拟实验室

序号	权限	名称	操作
1	lab.reservation	[illegible]	
2	elective.admin	[illegible]	
3	lab.lecture	[illegible]	
4	senate.admin	[illegible]	
5	virexp.admin	[illegible]	
6	user.admin	用户管理	
7	system.admin	系统管理	
8	role.admin	角色管理	

图 3-3 权限列表

地址等信息。

点击“访问统计”选项卡，如图 3-5 所示。

五、个人信息

系统管理员可以查看和修改个人信息。

点击“个人信息”选项卡，如图 3-6 所示。

图 3-4　站点成员显示

中国民航大学
开放式网上虚拟实验室

欢迎您，系统管理员　退出登录　使用帮助　关闭窗口

在线用户
会话记录
访问记录
登录记录

您的位置：访问量统计

访问列表

序号	用户姓名	用户IP		访问时间	访问地址	请求方法	Session ID	操作
1	系统管理员	202.11	20	2015-5-25 10:31:45	/virexp/user/	GET	E1CE7CD7E6A0DF6C4FCC68CB7E7BF159	
2	系统管理员	202.11	20	2015-5-25 10:31:43	/virexp/clickstream/visit/	GET	E1CE7CD7E6A0DF6C4FCC68CB7E7BF159	
3	系统管理员	202.11	20	2015-5-25 10:31:23	/virexp/user/8ac6811b4bfdd2c5014c01160f8a006...	GET	E1CE7CD7E6A0DF6C4FCC68CB7E7BF159	
4	系统管理员	202.11	20	2015-5-25 10:31:17	/virexp/user/8ac6811b4bfdd2c5014c01160f8a006...	GET	E1CE7CD7E6A0DF6C4FCC68CB7E7BF159	
5	系统管理员	202.11	20	2015-5-25 10:30:57	/virexp/group/tree?_=1432521026062	GET	E1CE7CD7E6A0DF6C4FCC68CB7E7BF159	
6	系统管理员	202.11	20	2015-5-25 10:30:57	/virexp/group_user/	GET	E1CE7CD7E6A0DF6C4FCC68CB7E7BF159	
7	系统管理员	202.11	20	2015-5-25 10:30:56	/virexp/site_member/	GET	E1CE7CD7E6A0DF6C4FCC68CB7E7BF159	
8	系统管理员	202.11	20	2015-5-25 10:30:52	/virexp/group_user/?id=8ac6811b4d46d9f0014d4...	GET	E1CE7CD7E6A0DF6C4FCC68CB7E7BF159	
9	系统管理员	202.11	20	2015-5-25 10:30:50	/virexp/group_user/?id=8ac6811b4c781742014cb...	GET	E1CE7CD7E6A0DF6C4FCC68CB7E7BF159	
10	系统管理员	202.11	20	2015-5-25 10:30:19	/virexp/user/8ac6811b4c781742014cb0a1a44f0c2...	GET	E1CE7CD7E6A0DF6C4FCC68CB7E7BF159	
11	系统管理员	202.11	20	2015-5-25 10:30:14	/virexp/group_user/?id=8ac6811b4c781742014cb...	GET	E1CE7CD7E6A0DF6C4FCC68CB7E7BF159	
12	系统管理员	202.11	20	2015-5-25 10:30:07	/virexp/user/detail/undefined	GET	E1CE7CD7E6A0DF6C4FCC68CB7E7BF159	
13	系统管理员	202.11	20	2015-5-25 10:30:05	/virexp/user/detail/8ac6811b4c781742014cb0a1a...	GET	E1CE7CD7E6A0DF6C4FCC68CB7E7BF159	
14	系统管理员	202.11	20	2015-5-25 10:29:19	/virexp/group_user/?id=8ac6811b4c781742014cb...	GET	E1CE7CD7E6A0DF6C4FCC68CB7E7BF159	
15	系统管理员	202.11	20	2015-5-25 10:29:13	/virexp/group_user/?id=8ac6811b4d46d9f0014d4...	GET	E1CE7CD7E6A0DF6C4FCC68CB7E7BF159	

Records:44896　1 2 3 4 5 6 7 8 9 10 11

图 3-5　访问统计显示

图 3-6　个人信息选项

第二节　教务人员

教务管理人员主要是根据学校的教学计划和教学大纲进行课程计划、开课计划、开课审核的查看、增加、删除、修改、发布以及相应信息的维护，同时可查询每学期的开课情况。在首页输入教务管理人员用户名和密码登录，出现主页面，如图 3-7 所示。

图 3-7　教务管理主页面

一、教务管理

教务管理人员具有新增课程、制定开课计划、开课审核等教务管理功能。

点击“教务管理”选项卡，如图 3-7 所示。

二、个人信息

教务人员可以修改个人信息；点击“个人信息”选项卡。

第三节 教　师

教师根据教务的开课计划可进行典型实验库的维护、实验安排、查看学生实验进展、自动或手动批改虚拟实验结果及实验报告、统计并发布实验成绩等功能。

在首页输入教师用户名和密码登录，出现教师主页面，如图 3-8 所示。

一、维护典型实验库

教师点击主页面“维护典型实验库”选项，进入实验库维护页面，如图 3-9 所示。

实验库维护页面以列表形式罗列当前实验库中的所有实验项目，每项实验包含实验名称、课程名称、实验类型、是否共享、创建者、指导及批改规则、操作等属性信息。教师可以分课程查看实验项目列表，如图 3-10 所示。

对于当前实验库中的实验项目，教师可以点击实验题目，查看具体内容，如图 3-11 所示。

教师可以添加新的实验项目到实验库中。点击实验库页面的“添加”按钮，如图 3-12 所示。

教师可在此页面编写实验指导书和实验报告模板。如果“是否共享”选择为

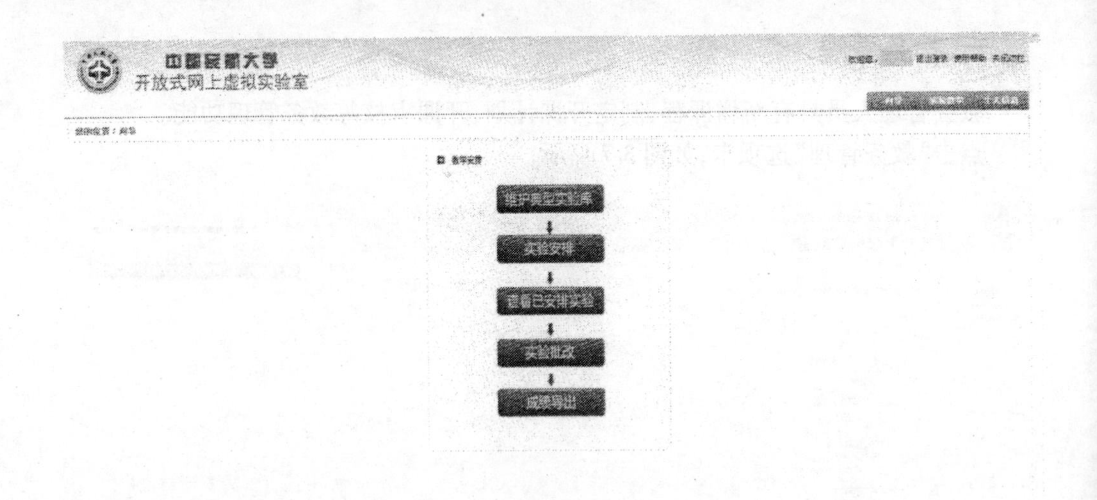

图 3-8　教师主页面

中国民航大学
开放式网上虚拟实验室

序号	实验名称	课程名称	实验类型	是否共享	创建者	批改及指导规则	操作
1	CMOS集成逻辑门的性能特点	电子技术实...	虚拟实验	是	教师		引用
2	RC正弦波振荡器	电子技术实...	虚拟实验	是	[illegible]		引用
3	RC正弦波振荡器	电子技术实...	虚拟实验	是	[illegible]		引用
4	test	电子技术实...	虚拟实验	是	%E9%83...		引用
5	test	[illegible]	虚拟实验	否	[illegible]	实验答案　报告答案	
6	TTL OC逻辑门和三态逻辑门的应用测试	电子技术实...	虚拟实验	是	[illegible]		引用
7	TTL集成逻辑门的性能参数的测试	电子技术实...	虚拟实验	是	教师		引用
8	两级放大电路	电子技术实...	虚拟实验	是	教师		引用
9	中规模时序集成电路——移位寄存器的应用	电子技术实...	虚拟实验	是	教师		引用
10	中规模时序集成电路——计数器的应用1	电子技术实...	虚拟实验	是	教师		引用
11	中规模时序集成电路——计数器的应用2	电子技术实...	虚拟实验	是	教师		引用
12	中规模时序集成电路——计数器的级联	电子技术实...	虚拟实验	是	教师		引用
13	中规模组合逻辑电路实验1：比较器及其应用	电子技术实...	虚拟实验	是	教师		引用
14	中规模组合逻辑电路实验2：译码器及其应用	电子技术实...	虚拟实验	是	教师		引用
15	中规模组合逻辑电路实验3：选择器及其应用	电子技术实...	虚拟实验	是	教师		引用

Records:56

图 3-9　实验库管理页面

“是”,则其他老师可以引入本实验项目进行二次修改,并排课。同样,我们可以引用其他老师共享的实验项目,如图 3-13 所示。

对于个人新增的实验项目和引用的他人的实验项目,都可以进行二次编辑,提供查看、修改、删除功能。

教师可以为实验项目制定实验电路标准答案、批改规则、智能指导规则和实验报告标准答案,如图 3-14 所示。

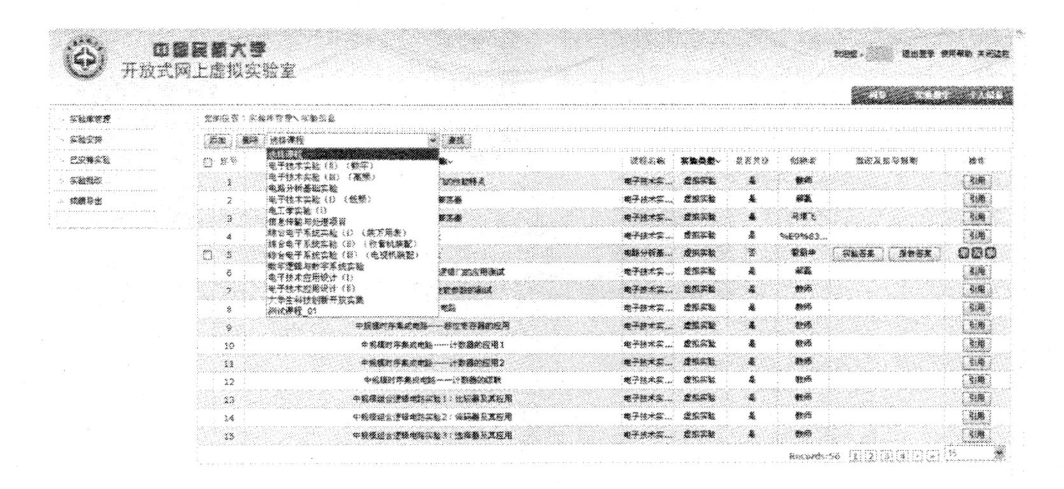

图 3-10　分课程查看实验项目

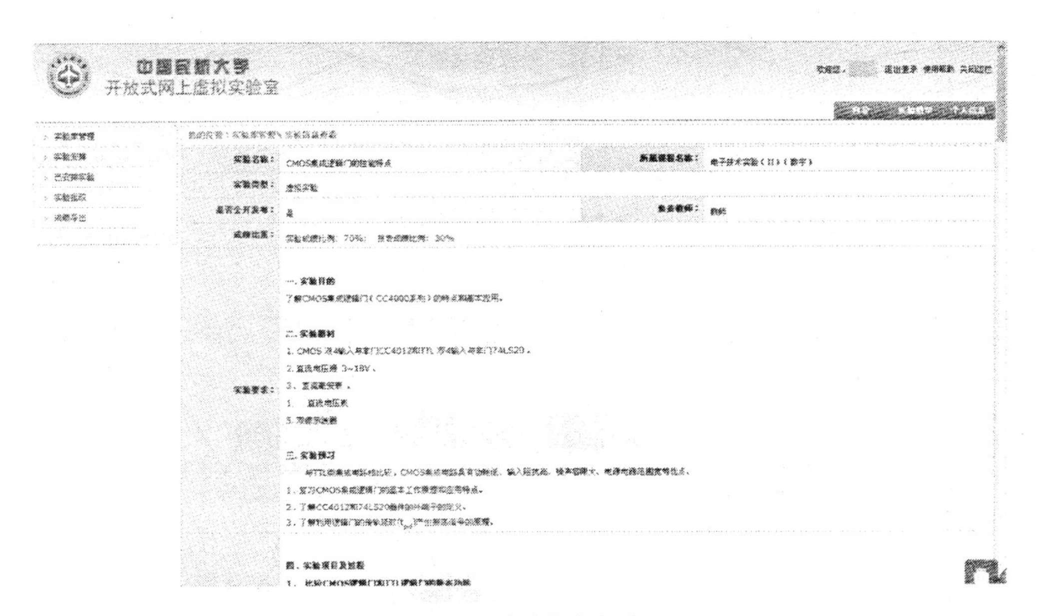

图 3-11　实验信息查看

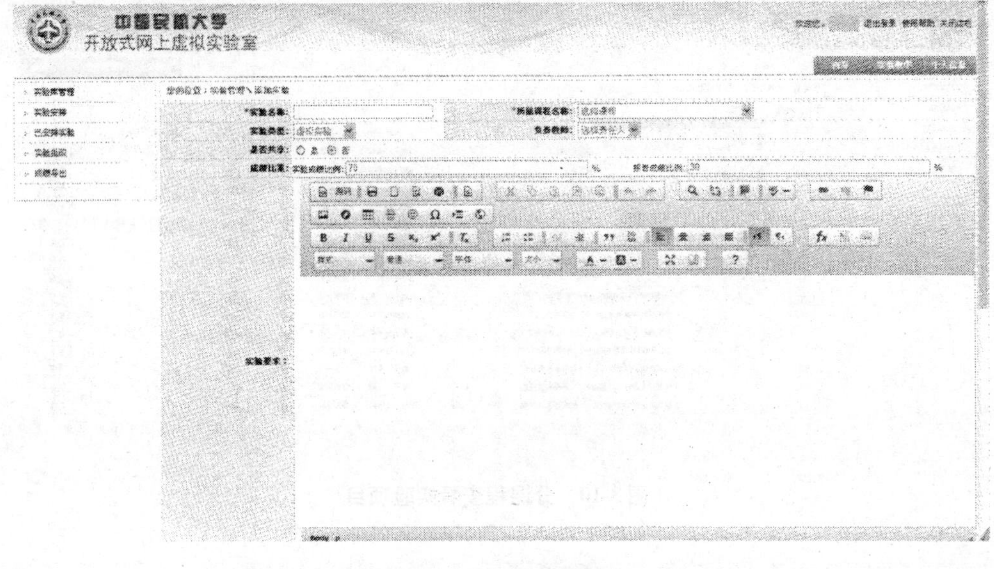

图 3-12　实验项目添加

图 3-13　实验项目引用

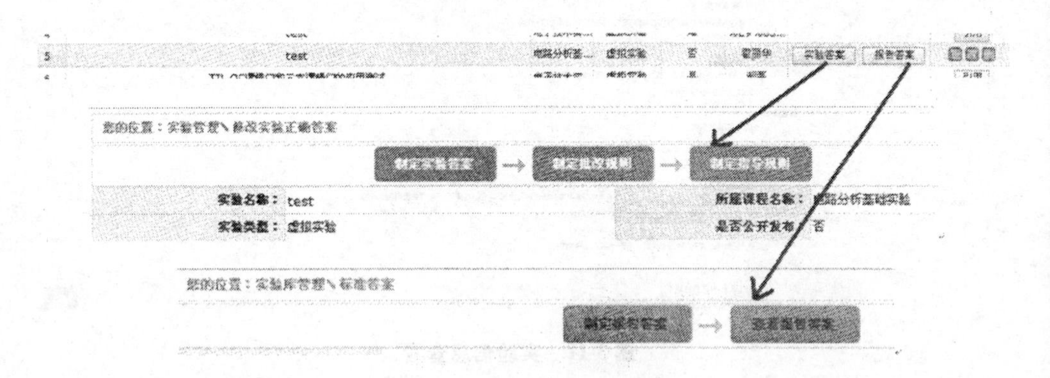

图 3-14　实验项目答案编辑

二、实验安排

教务人员开课后，教师可以对个人所任课程进行排课。

点击左侧“课程安排”选项或点击主页的“课程安排”按钮，如图 3-15 所示。

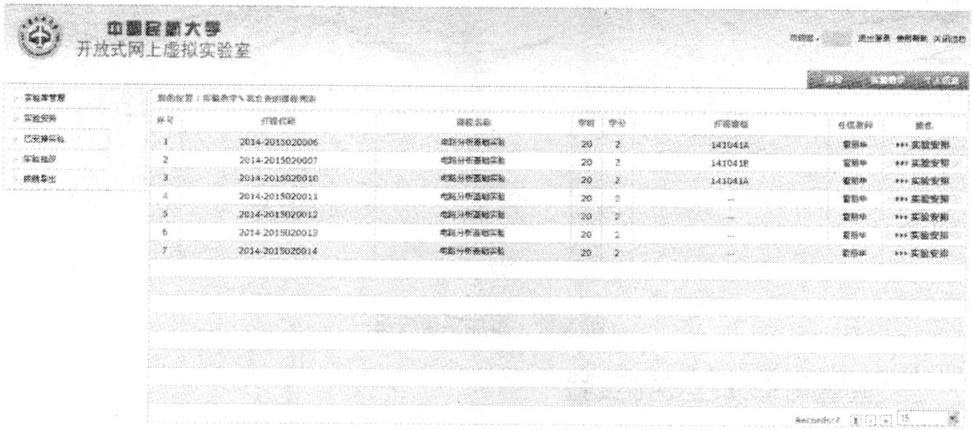

图 3-15　课程安排

教师可以选定某一教学班安排具体实验项目，点击相应条目的“实验安排”按钮，出现这一课程的所有实验项目，如图 3-16 所示。

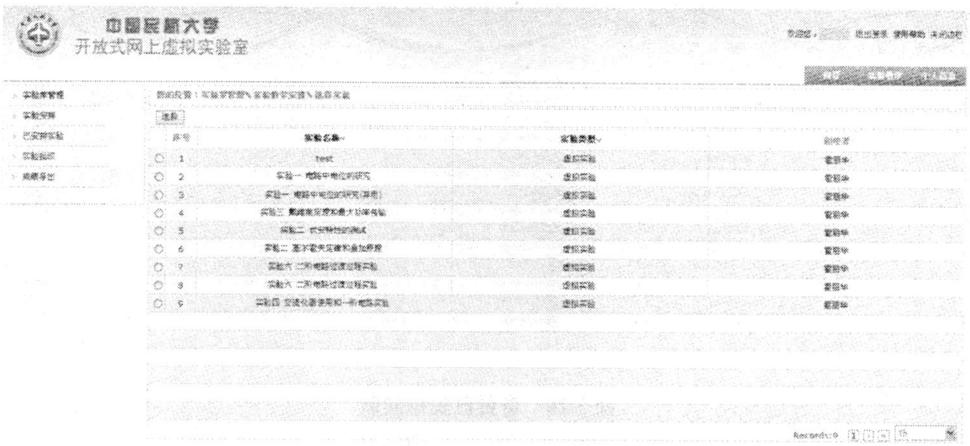

图 3-16　选择实验项目

教师选择要安排的实验项目，点击“选择”按钮，如图 3-16 所示。

教师填写相关信息后，点击“安排”按钮，如图 3-17 所示。完成实验项目的安排。教师完成排课后，学生即可看到实验任务。

图 3-17　添加实验安排

三、查看和修改已安排实验

教师可以点击左侧“已安排实验”选项，或点击主页的“查看已安排实验”按钮查看已安排的实验项目，如图 3-18 所示。

开放式网上虚拟实验室

序号	实验名称	所属课程名称	开课编号	开始|结束时间	实验状态	操作
1	实验一 电路中电位的研究	电路分析基础实验	2014-2015020006	2015-04-15 11:14:28至2015-04-22 11:14:28	实验结束	批改
2	实验一 电路中电位的研究(开放)	电路分析基础实验	2014-2015020010	2015-04-22 09:15:39至2015-04-29 09:15:39	已发布成绩	批改
3	实验一 电路中电位的研究	电路分析基础实验	2014-2015020007	2015-04-22 10:41:06至2015-04-29 10:41:06	实验结束	批改
4	实验二 基尔霍夫定律和叠加原理	电路分析基础实验	2014-2015020007	2015-04-28 13:11:28至2015-05-07 13:11:00	实验结束	批改
5	实验二 基尔霍夫定律和叠加原理	电路分析基础实验	2014-2015020011	2015-04-29 08:38:30至2015-05-06 08:38:30	实验结束	批改
6	实验二 基尔霍夫定律和叠加原理	电路分析基础实验	2014-2015020012	2015-04-29 09:58:14至2015-05-06 09:58:14	实验结束	批改
7	实验二 基尔霍夫定律和叠加原理	电路分析基础实验	2014-2015020006	2015-04-29 10:28:04至2015-05-13 10:28:00	实验结束	批改
8	实验二 基尔霍夫定律和叠加原理	电路分析基础实验	2014-2015020013	2015-04-29 10:35:39至2015-05-06 10:35:39	实验结束	批改
9	实验三 戴维南定理和最大功率传输	电路分析基础实验	2014-2015020006	2015-05-02 10:52:48至2015-05-14 10:52:00	已发布成绩	批改
10	实验三 戴维南定理和最大功率传输	电路分析基础实验	2014-2015020014	2015-05-05 21:24:44至2015-05-12 21:24:44	实验结束	批改
11	实验一 电路中电位的研究	电路分析基础实验	2014-2015020010	2015-05-06 08:21:26至2015-05-13 08:21:26	实验结束	批改
12	实验二 基尔霍夫定律和叠加原理	电路分析基础实验	2014-2015020014	2015-05-06 09:56:04至2015-05-13 09:56:04	已发布成绩	批改
13	test	电路分析基础实验	2014-2015020014	2015-05-06 10:17:44至2015-05-13 10:17:44	实验结束	批改
14	实验三 戴维南定理和最大功率传输	电路分析基础实验	2014-2015020007	2015-05-07 10:26:56至2015-05-22 10:26:00	已发布成绩	批改
15	实验四 交流仪器使用和一阶电路实验	电路分析基础实验	2014-2015020006	2015-05-18 20:47:32至2015-06-04 20:47:00	实验中	查看

Records:16

图 3-18　查看已安排实验

教师可以对已安排的实验项目进行修改和删除操作。

四、实验批改

教师可以点击左侧“实验批改”选项，或点击主页的“实验批改”按钮，进入实验批改页面。

教师可选择某一班级的某一实验项目进行批改，选择一个实验项目，点击“批改”按钮，如图 3-19 所示。

序号	实验名称	创建者	所属开课名称	开课编号	开始|截至时间	选课人数	操作
1	实验一 电路中电位的研究	[illegible]	电路分析基础实验	2014-2015020006	2015-04-15 11:14:28至2015-04-22 11:14:28	37	
2	实验一 电路中电位的研究	[illegible]	电路分析基础实验	2014-2015020010	2015-04-22 09:15:39至2015-04-29 09:15:39	37	
3	实验一 电路中电位的研究	[illegible]	电路分析基础实验	2014-2015020007	2015-04-22 10:41:06至2015-04-29 10:41:06	39	
4	实验二 基尔霍夫定律和叠...	[illegible]	电路分析基础实验	2014-2015020007	2015-04-28 13:11:28至2015-05-07 13:11:00	39	
5	实验二 基尔霍夫定律和叠...	[illegible]	电路分析基础实验	2014-2015020011	2015-04-29 08:38:30至2015-05-06 08:38:30	1	
6	实验二 基尔霍夫定律和叠...	[illegible]	电路分析基础实验	2014-2015020012	2015-04-29 09:38:14至2015-05-06 09:38:14	2	
7	实验二 基尔霍夫定律和叠...	[illegible]	电路分析基础实验	2014-2015020006	2015-04-29 10:28:04至2015-05-13 10:28:00	37	
8	实验二 基尔霍夫定律和叠...	[illegible]	电路分析基础实验	2014-2015020013	2015-04-29 10:35:39至2015-05-06 10:35:39	1	
9	实验三 戴维南定理和诺...	[illegible]	电路分析基础实验	2014-2015020006	2015-05-02 10:52:48至2015-05-14 10:52:00	37	
10	实验三 戴维南定理和诺...	[illegible]	电路分析基础实验	2014-2015020014	2015-05-05 21:24:44至2015-05-12 21:24:44	1	
11	实验一 电路中电位的研究	[illegible]	电路分析基础实验	2014-2015020010	2015-05-06 08:21:26至2015-05-13 08:21:26	37	
12	实验二 基尔霍夫定律和叠...	[illegible]	电路分析基础实验	2014-2015020014	2015-05-06 09:56:04至2015-05-13 09:56:04	1	
13	test	[illegible]	电路分析基础实验	2014-2015020014	2015-05-06 10:17:44至2015-05-13 10:17:44	1	
14	实验三 戴维南定理和诺...	[illegible]	电路分析基础实验	2014-2015020007	2015-05-07 10:26:36至2015-05-22 10:26:00	39	
15	实验四 常用仪器使用和一...	[illegible]	电路分析基础实验	2014-2015020006	2015-05-18 20:47:32至2015-06-04 20:47:00	37	

Records:16

图 3-19　实验项目批改

点击“手动批改”，可手动批改某位学生提交的实验报告，如图 3-20 所示、图 3-21 所示。

开放式网上虚拟实验室

序号	学生姓名	学号	[illegible]	班级	提交状态	实验成绩	实验报告成绩	总成绩	操作
1	[illegible]	141041234	2147483647	1410418	已提交	40	25	65	手动批改 查看智能批改得分细节
2	[illegible]	141041205	2147483647	1410418	已提交	25	0	25	手动批改 查看智能批改得分细节
3	[illegible]	141041215	2147483647	1410418	已提交	25	0	25	手动批改 查看智能批改得分细节
4	[illegible]	141041213	2147483647	1410418	已提交	0	0	0	手动批改 查看智能批改得分细节
5	[illegible]	141041214	2147483647	1410418	已提交	11	0	11	手动批改 查看智能批改得分细节
6	[illegible]	141041218	2147483647	1410418	已提交	5.5	8.5	14	手动批改 查看智能批改得分细节
7	[illegible]	141041228	2147483647	1410418	已提交	45	12	57	手动批改 查看智能批改得分细节
8	[illegible]	141041238	2147483647	1410418	已提交	22.5	40	62.5	手动批改 查看智能批改得分细节
9	[illegible]	140744111	2147483647	1410418	已提交	0	8.5	8.5	手动批改 查看智能批改得分细节
10	[illegible]	141041221	2147483647	1410418	已提交	25	0	25	手动批改 查看智能批改得分细节
11	[illegible]	141041233	2147483647	1410418	已提交	17	8.5	25.5	手动批改 查看智能批改得分细节
12	[illegible]	141041236	2147483647	1410418	已提交	5.5	8.5	14	手动批改 查看智能批改得分细节
13	[illegible]	141041235	2147483647	1410418	已提交	11	11.5	22.5	手动批改 查看智能批改得分细节
14	[illegible]	141041220	2147483647	1410418	已提交	0	7.5	7.5	手动批改 查看智能批改得分细节
15	[illegible]	141041212	2147483647	1410418	已提交	0	22	22	手动批改 查看智能批改得分细节

Records:36

图 3-20　手动批改实验

学生实验成绩由实验报告成绩和虚拟实验成绩两部分加权求得，教师打完分项成绩后，输入评语，点击提交，学生实验最终成绩可自动算出，如图 3-22 所示。

教师可以班级为单位导出实验成绩单，如图 3-23 所示。

教师批改完成后，点击“发布成绩”，如图 3-24 所示，则学生可以看到实验成绩和

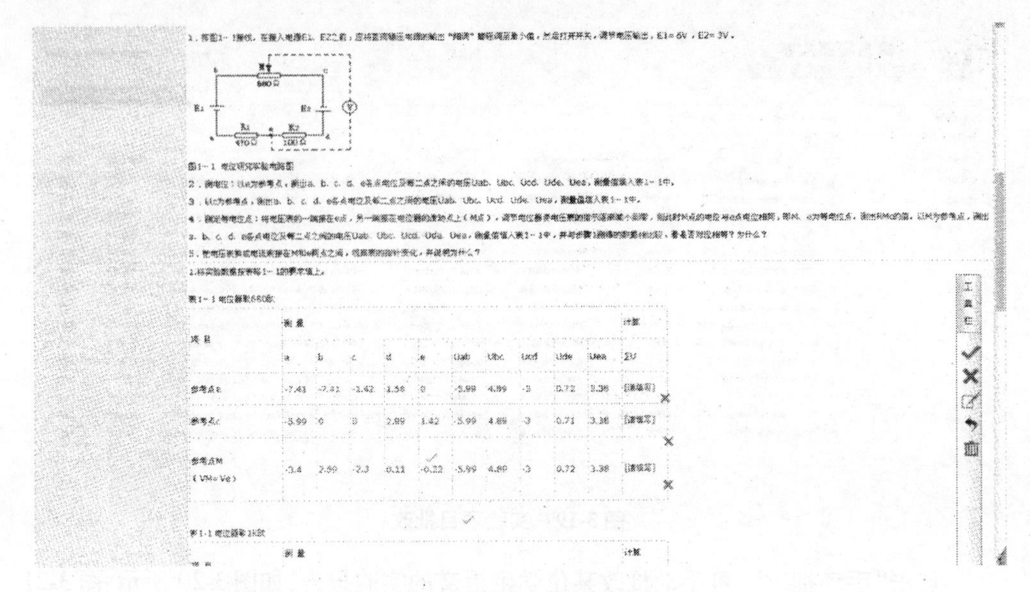

图 3-21　手动批改实验

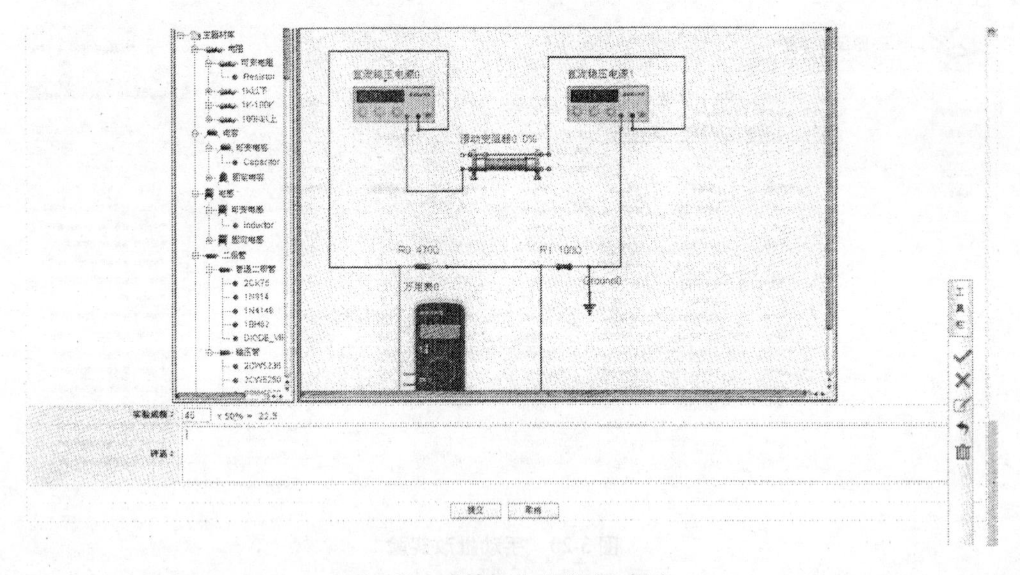

图 3-22　成绩打分、写评语、提交

教师编写的评语。

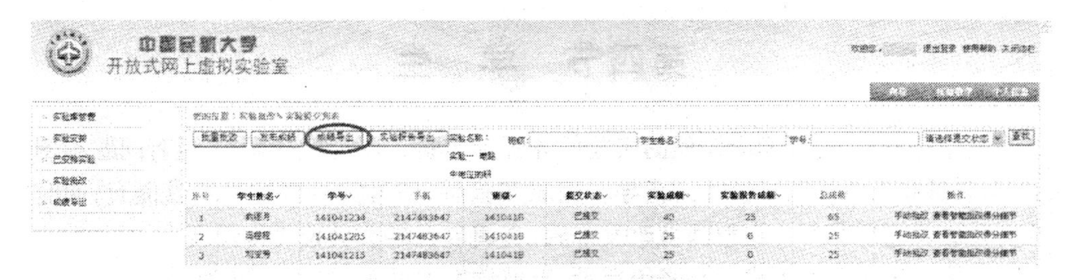

图 3-23 成绩导出

图 3-24 发布成绩

五、成绩导出

点击左侧“成绩导出”按钮。

成绩导出功能可以同时将多个教学班的多项实验成绩导出到同一个 excel 表格中，便于数据的横向对比和整理，如图 3-25 所示。

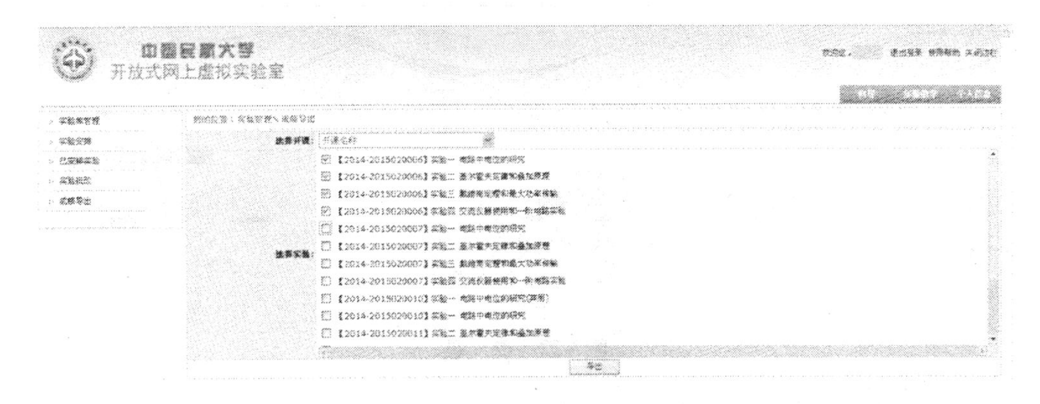

图 3-25 批量成绩导出

第四节　学　生

学生登录后,选择相应课程的实验任务开始实验。在实验过程中,遇有问题和困难,可选择系统的帮助或教师的指导。完成实验后,填写实验报告并在线提交;同时对实验结果进行保存。在教师批改发布后,查询自己的实验成绩和评语。

在首页输入学生用户名和密码登录,出现学生主页面,如图 3-26 所示。

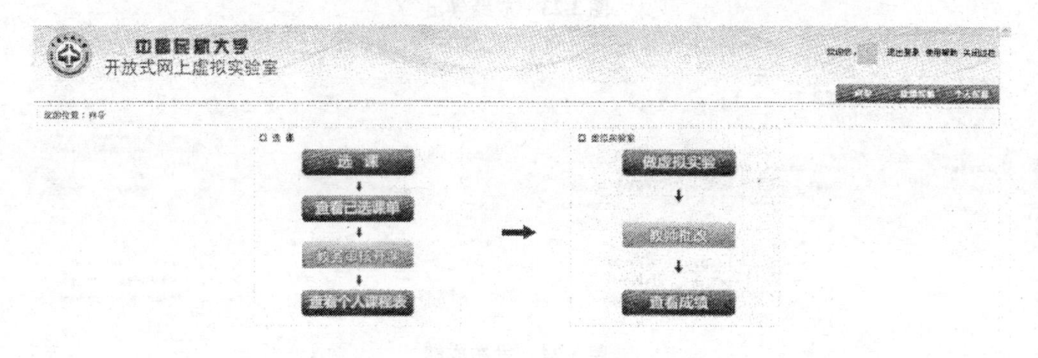

图 3-26　学生主页面

一、选课

学生可以点击“选课”按钮如图 3-27 所示,选修全校公开课,如果某些课程不是全校公开选修课(如必修课),则教务人员应把此类课程直接分派给学生,学生不必再次选课。

图 3-27　选　课

点击“课程计划”如图 4-2 所示,可以查看所有的课程信息,如图 3-28 所示。

点击“开课计划”如图 3-27 所示,可以查看所有的开课信息,如图 3-29 所示。

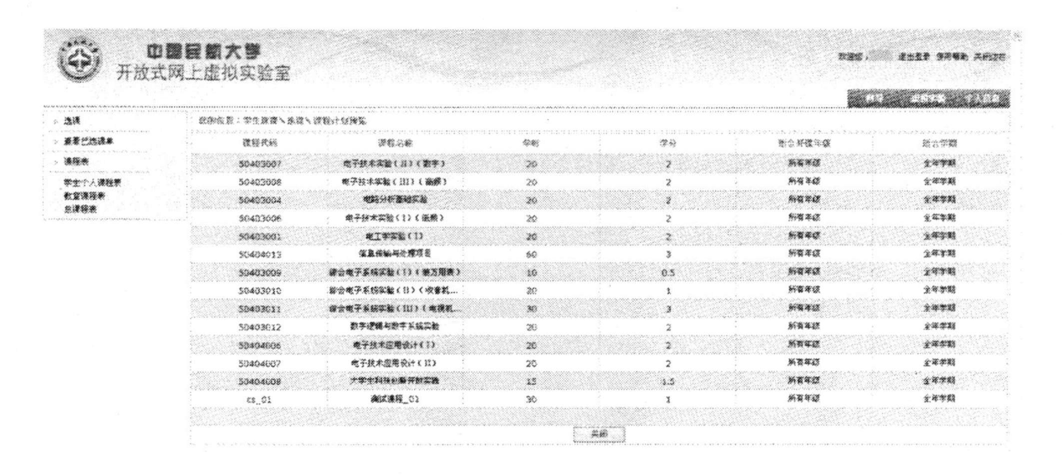

图 3-28　课程信息

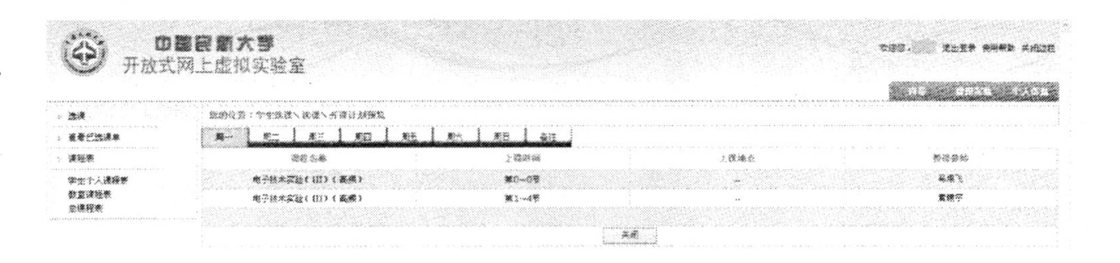

图 3-29　开课信息

二、查看已选课单

学生可以查看已选课单，如图 3-30 所示点击左侧“查看已选课单”选项，或首页“查看已选课单”按钮。

三、查看个人课程表

学生可以查看课程表如图 3-31 所示，点击左侧“学生个人课程表”选项，或首页“查看个人课程表”按钮。

学生除可查看个人课程表外，还可查看教室的课程表和总课程表。

四、做虚拟实验

学生完成选课过程后，即可开始虚拟实验（对于必修课程，由于教务人员已将课程直接分派给学生，所以学生可跳过选课过程，直接做虚拟实验）。

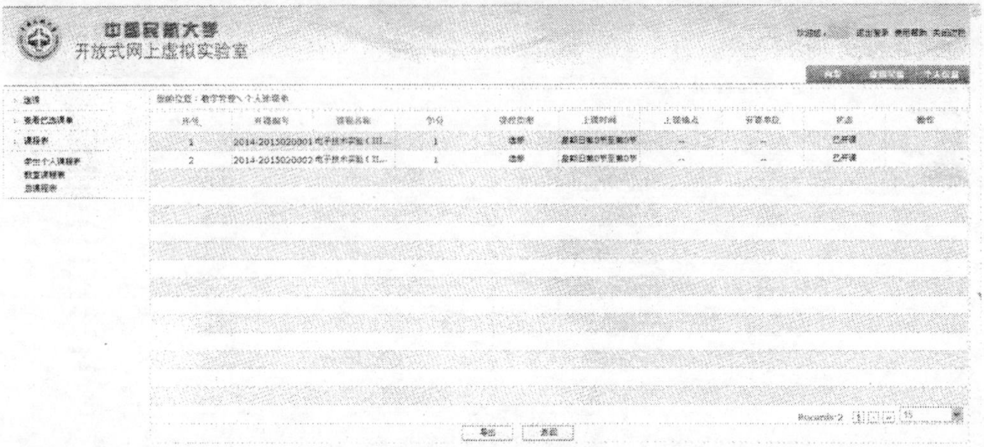

中国民航大学
开放式网上虚拟实验室

序号	课程编号	课程名称	学分	课程类别	上课时间	上课地点	开课单位	状态	操作
1	2014-2015020001	电子技术实验（Ⅲ…	1	选修	[illegible]	--	--	已开课	
2	2014-2015020002	电子技术实验（Ⅱ…	1	选修	[illegible]	--	--	已开课	

Records:2 15

图 3-30 查看已选课单

中国民航大学
开放式网上虚拟实验室

2014-2015学年 第2学期

	星期一	星期二	星期三	星期四	星期五	星期六	星期日
1 8:00--8:50			电路分析基础实验 20学时 选修 7~15周 1~4节				
2 9:00--9:50		电路分析基础实验 20学时 选修 1~23周 1~4节					
3 10:00--10:50			电路分析基础实验 20学时 选修 1~23周 1~4节				
4 11:00--11:50							
5 12:00--12:50							
6 13:00--13:50							
7 14:00--14:50							
8 15:00--15:50							
9 16:00--16:50							
10							

图 3-31 查看个人课程表

1. 实验任务列表

点击首页“做虚拟实验”按钮，页面以列表形式呈现个人的实验任务，如图 3-32 所示。

列表中包含实验项目名称、所属课程、任课老师、实验类型、开始/结束时间、必做/选做、成绩、实验状态、操作等信息。

图 3-32　个人实验任务

若一项实验尚未结束,则实验状态为“实验中”,学生可多次点击“开始实验”完成实验项目。

若学生想要修改已经提交的实验,可在此页面点击“继续实验”,对实验数据进行修改,并再次提交。在实验结束和教师发布成绩前,学生可不限次数提交。

若一项实验已到达教师安排的结束时间,则实验状态为“实验结束”,学生不能再做虚拟实验,只能点击“复习实验”按钮,复习实验内容。

若一项实验教师已经批改完成,并下发成绩,则“成绩”一栏会显示学生成绩,学生可以复习实验,查看教师批改情况和评语。

2. 实验过程

(1)查看实验指导书

点击“开始实验”,在实验界面下,学生可以查看实验指导书,如图 3-33 所示。

(2)连接虚拟电路图并仿真

根据实验指导书要求,在实验台完成虚拟电路的搭建及仿真,具体操作方法见“第二章 实验操作平台”,本节不再赘述。

(3)编写实验报告

形式一:在线 Word 编辑器

这种形式为可自主编写实验报告内容的在线 Word 编辑器。学生可以编辑整个实验报告文挡,自主性较大,如图 3-34 所示。

Word 编辑器提供丰富的编辑功能,学生可编辑文本和段落样式,可插入图片、动画、表格、特殊符号,像编辑 Word 文挡一样编辑实验报告。

●插入图片

①将光标移至图片插入点,点击工具栏中的插入图片图标 ,如图 3-35 所示。

②若需要插入的图片已存在与服务器中,可以直接点击“浏览服务器”,在服务器中选择图片插入,若要插入一张新图片,可以点击“上传”,如图 3-36 所示。

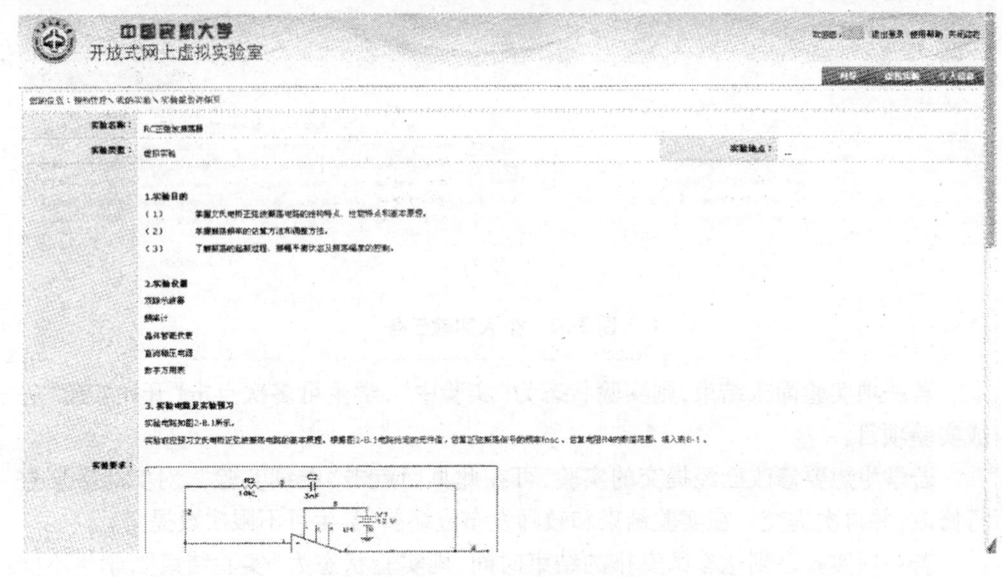

图 3-33 查看实验指导书

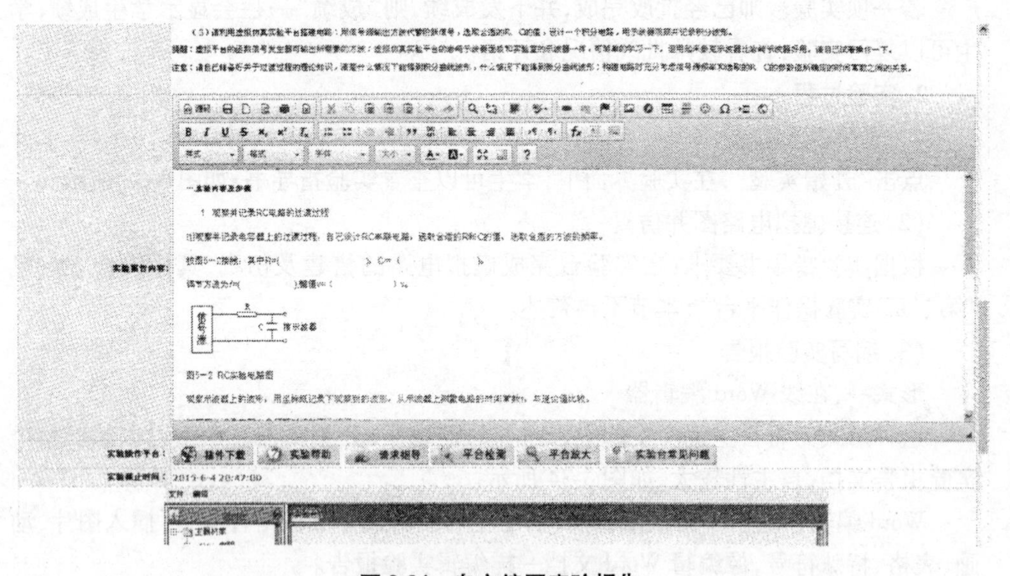

图 3-34 自主编写实验报告

点击“浏览”,在本地电脑中查找图片,点击“打开”上传,如图 3-37 所示。

注意:图片名称必须为英文或数字,不支持中文图片名,如图 3-38 所示。

③点击“上传到服务器”,将图片上传至服务器,如图 3-39 所示。

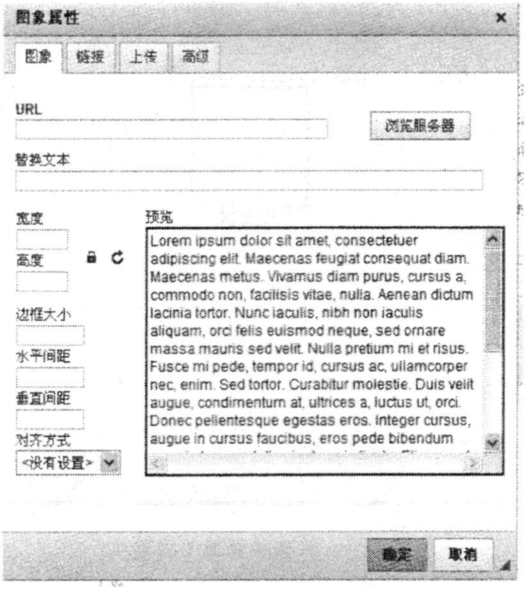

图象属性

图象　链接　上传　高级

URL　浏览服务器

替换文本

宽度

高度

边框大小

水平间距

垂直间距

对齐方式

<没有设置>

预览

Lorem ipsum dolor sit amet, consectetuer adipiscing elit. Maecenas feugiat consequat diam. Maecenas metus. Vivamus diam purus, cursus a, commodo non, facilisis vitae, nulla. Aenean dictum lacinia tortor. Nunc iaculis, nibh non iaculis aliquam, orci felis euismod neque, sed ornare massa mauris sed velit. Nulla pretium mi et risus. Fusce mi pede, tempor id, cursus ac, ullamcorper nec, enim. Sed tortor. Curabitur molestie. Duis velit augue, condimentum at, ultrices a, luctus ut, orci. Donec pellentesque egestas eros. Integer cursus, augue in cursus faucibus, eros pede bibendum

确定　取消

图 3-35　插入图片属性

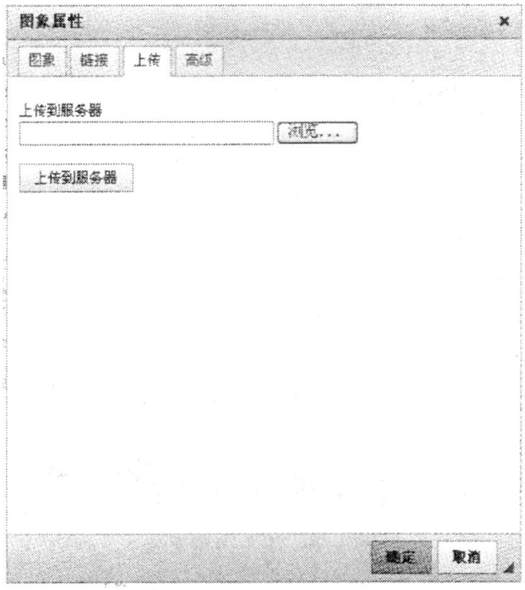

图象属性

图象　链接　上传　高级

上传到服务器

浏览...

上传到服务器

确定　取消

图 3-36　上传新图片页面

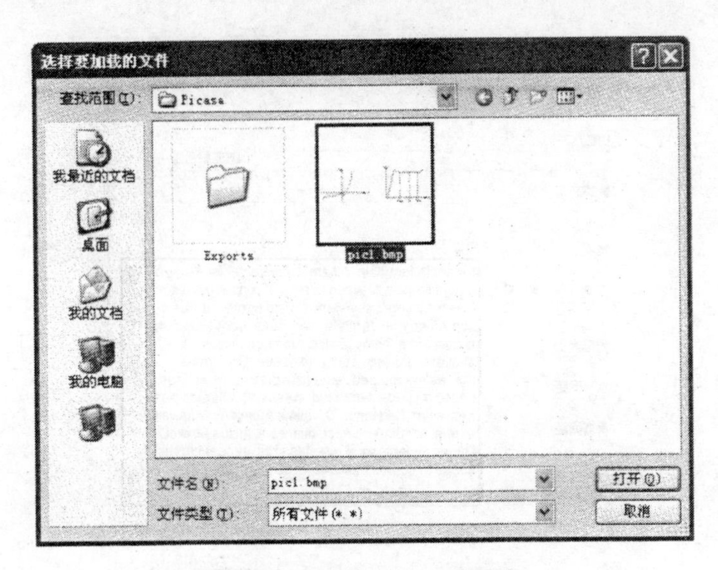

图 3-37　从本地电脑上传图片

图 3-38　图片为英文名

④点击“确定”按钮,完成图片的插入,如图 3-40 所示。

注意:图片不能通过复制粘贴的方式插入到实验报告中,只能通过本节所述方式插入。

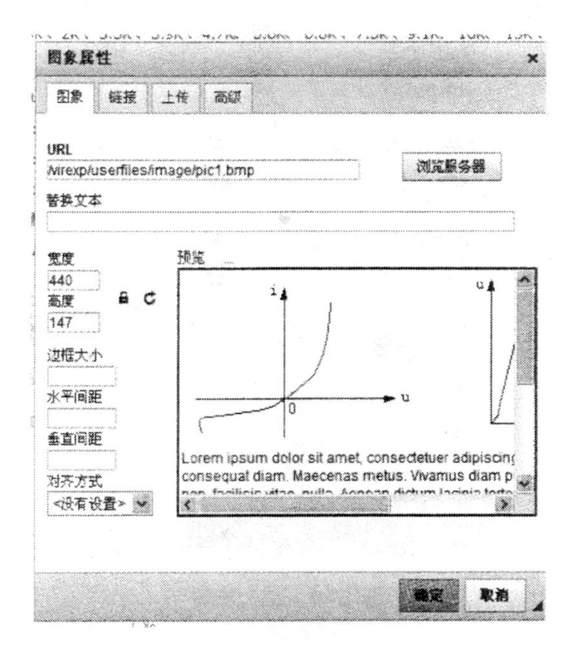

图 3-39　图片上传至服务器

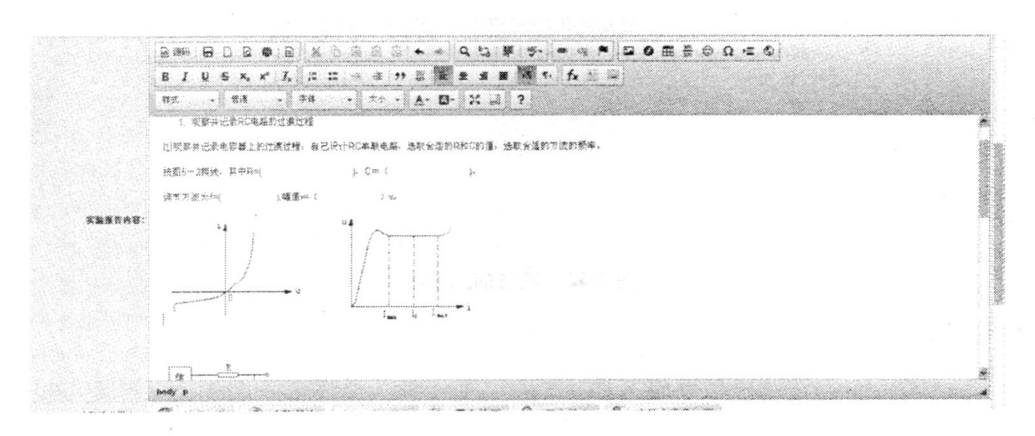

图 3-40　图片上传完成

●插入动画

Flash 动画插入方式与图片类似，不再赘述。

●插入表格

①将光标移至表格插入点，点击工具栏插入表格图标 ⊞，如图 3-41 所示。

②输入相关信息，点击“确定”，完成表格插入，如图 3-42 所示。

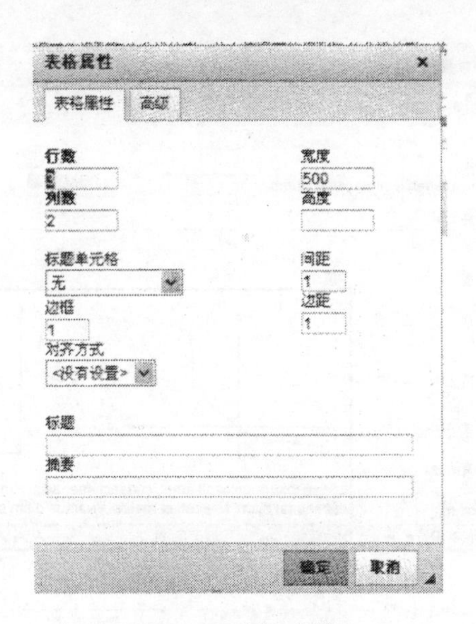

图 3-41　插入表格

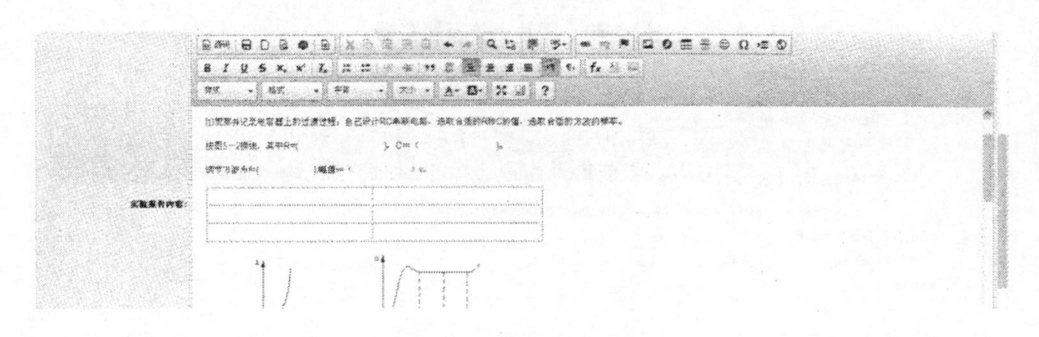

图 3-42　成功插入表格

●插入特殊符号

①将光标移至特殊符号插入点,点击工具栏插入特殊符号图标 Ω,如图 3-43 所示。

②选择一个特殊符号,单击即可完成插入,如图 3-44 所示。

形式二:填空式实验报告

在这种形式的实验报告中,学生只能在允许填写的位置(有“请填写”标志)写入实验数据或问题答案,实验报告不支持整体编辑,自主性较小,但此类实验报告适用于自动批改,如图 3-45 所示。

建议学生在实验过程中通过点击“暂存”按钮,如图 3-46 所示,保存实验数据,防

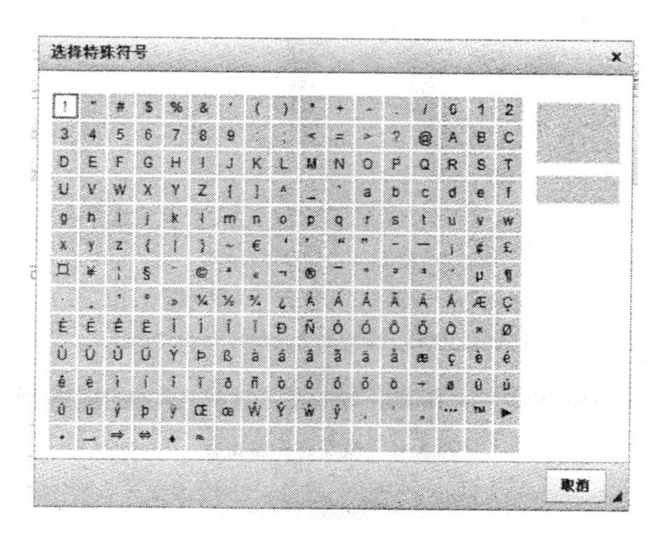

图 3-43　插入特殊符号

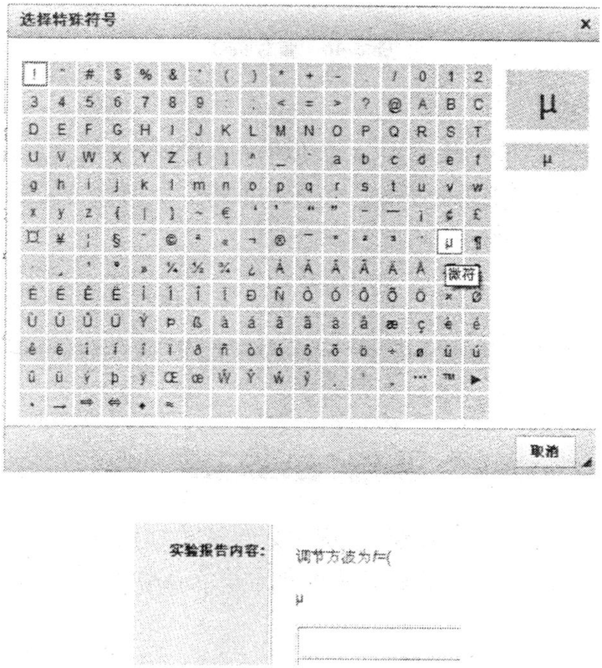

选择特殊符号

μ

微符

取消

实验报告内容：　调节方波为f=(

μ

图 3-44　选择插入符号

止因网络中断、异常关机等原因导致的实验数据丢失。

E_1	12.941	0.698	-1.062	1.013	11.879	0.854
E_2	0.663	0.695	-8.087	0.985	7.424	0.878
代数和	13.604	0.703	-9.149	1.083	-4.455	0.784
E_1,E_2	13.602	0.701	-9.148	1.084	-4.454	0.785

4. 测量各电阻的实际数据并记录在表3-4中。

表3-4

	R_1	R_2	R_3	R_4	R_5
标称值		[请填写]	[请填写]	[请填写]	[请填写]
实际值	[请填写]	[请填写]	[请填写]	[请填写]	[请填写]

实验报告和数据分析

[请填写]

[请填写]

实验操作平台： 插件下载 实验帮助 请求指导 平台检测 平台放大 实验台常见问题

实验截止时间： 2015-5-7 13:11:00

图 3-45 填空式实验报告

图 3-46 暂存页面

(4)提交实验报告

学生依照实验指导书的要求,完成虚拟电路的搭建、仿真和数据采集、实验报告的编写后,可以进行实验报告的提交。在页面的最下方,点击实验报告的提交按钮提交实验报告,如图 3-47 所示。

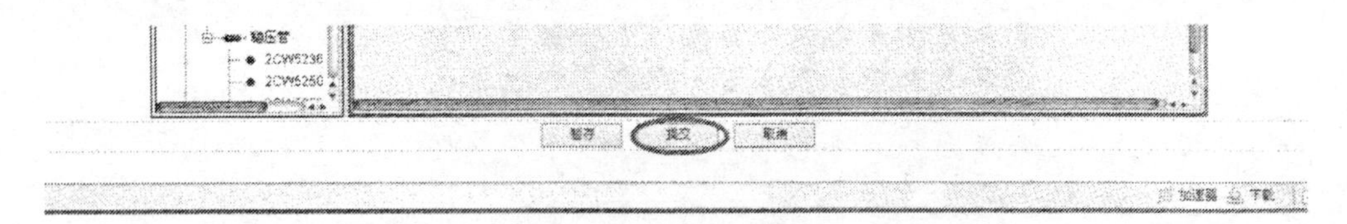

图 3-47 提交实验报告

实验报告提交之后,若还需修改,则可以再次返回到“做虚拟实验”页面,点击“继续实验”进入实验页面,在实验结束和教师发布成绩前,学生可以进行多次修改和提交。

五、获取帮助

若在实验过程中遇到实验内容相关的问题,可点击“实验帮助”,如图 3-48 所示在线打开电子版实验指导书(若含有)。

若在搭建虚拟电路过程中遇到了困难，可以点击“请求指导”按钮，如果课程打开了智能指导功能，则学生会得到关于虚拟电路连接方面的帮助，如图 3-49 所示。

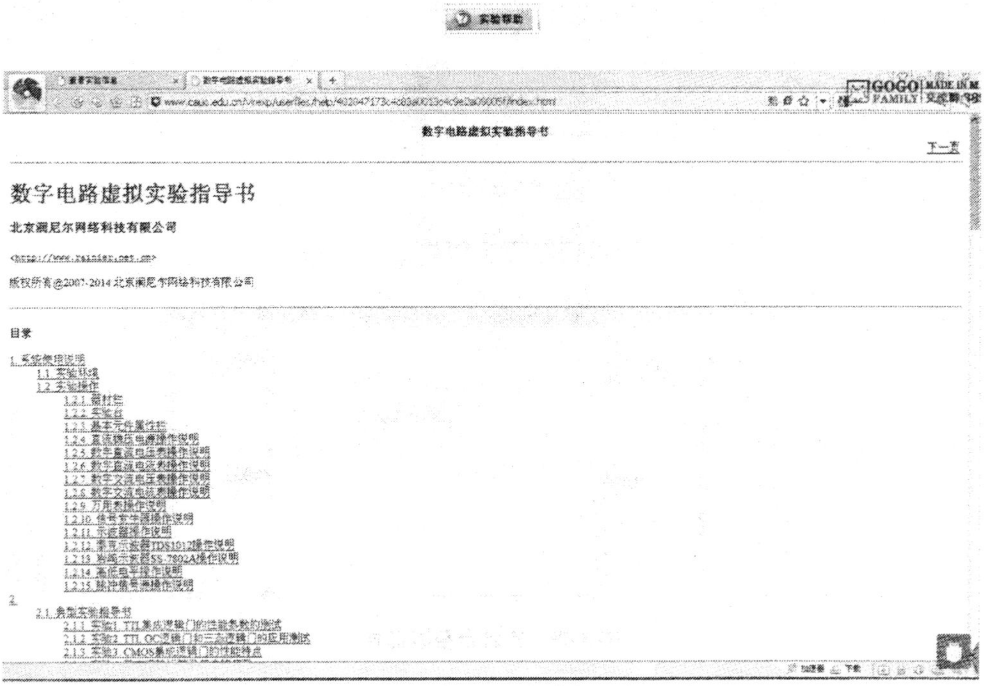

图 3-48　实验帮助

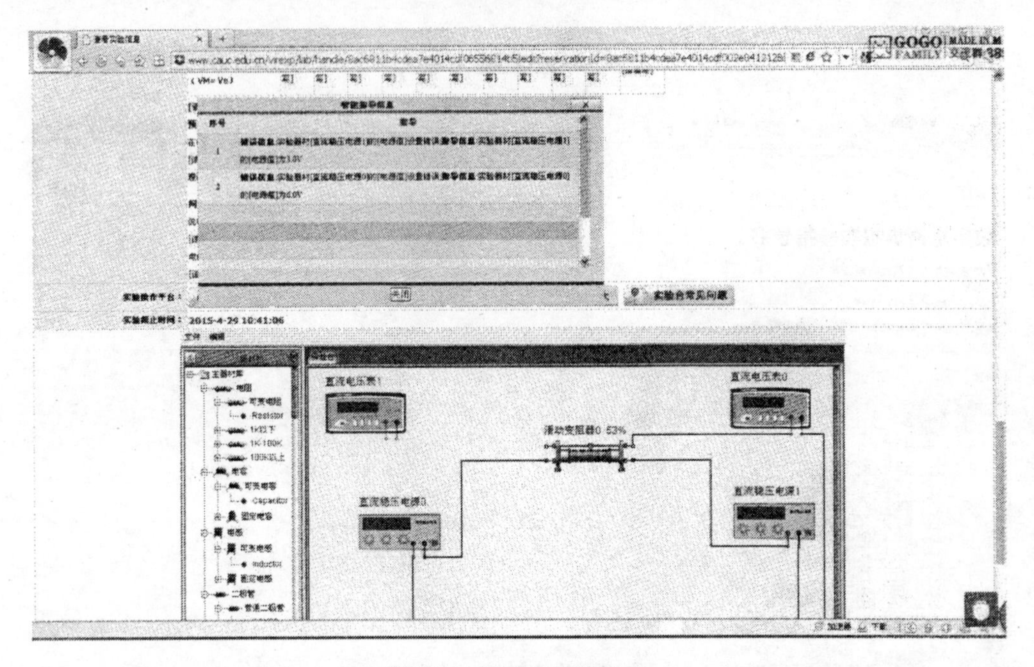

图 3-49 实验台智能指导

学生实验过程中若遇到开放式网上虚拟实验室实验台的相关问题，可点击“实验台常见问题”按钮，打开实验台常见问题的帮助文挡，如图 3-50 所示。

图 3-50　实验台常见问题

六、查看成绩

教师发布成绩之后，学生可以查看实验成绩。

学生可以在实验列表中直接查看成绩，也可以点击实验列表中的“查看成绩”按钮，查看教师的批改详情和评语，如图 3-51 所示。

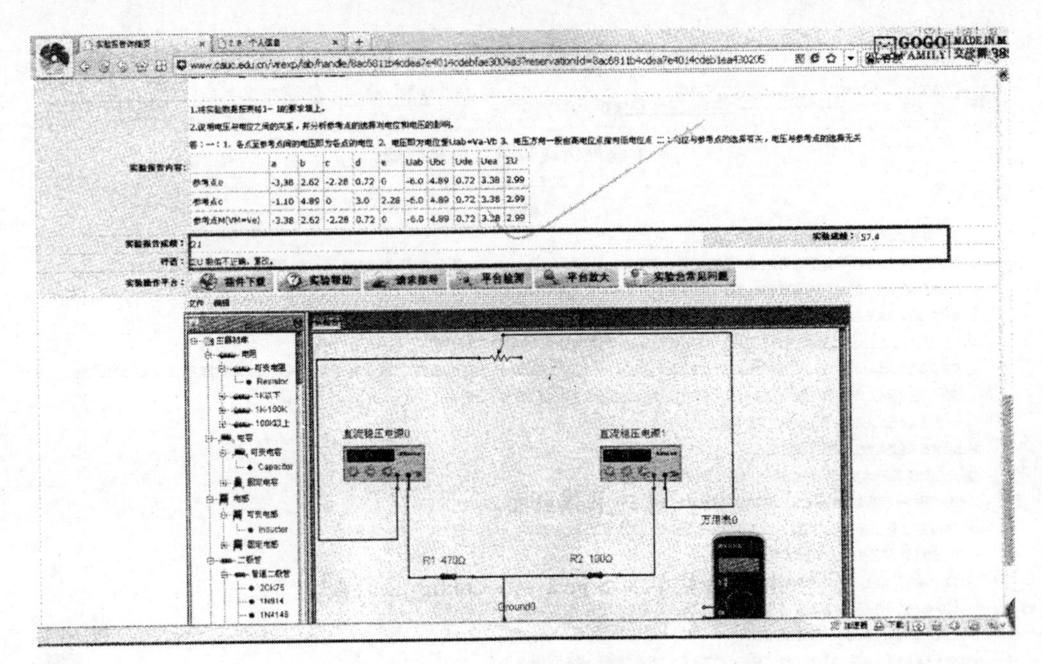

图 3-51 教师批改和评语

第四章　开放式网上虚拟实验室使用流程

一、系统管理员——登录

在一台连接校园网的电脑上，打开浏览器，输入开放式网上虚拟实验室登录网址 www.cauc.edu.cn/virexp，如图 4-1 所示。

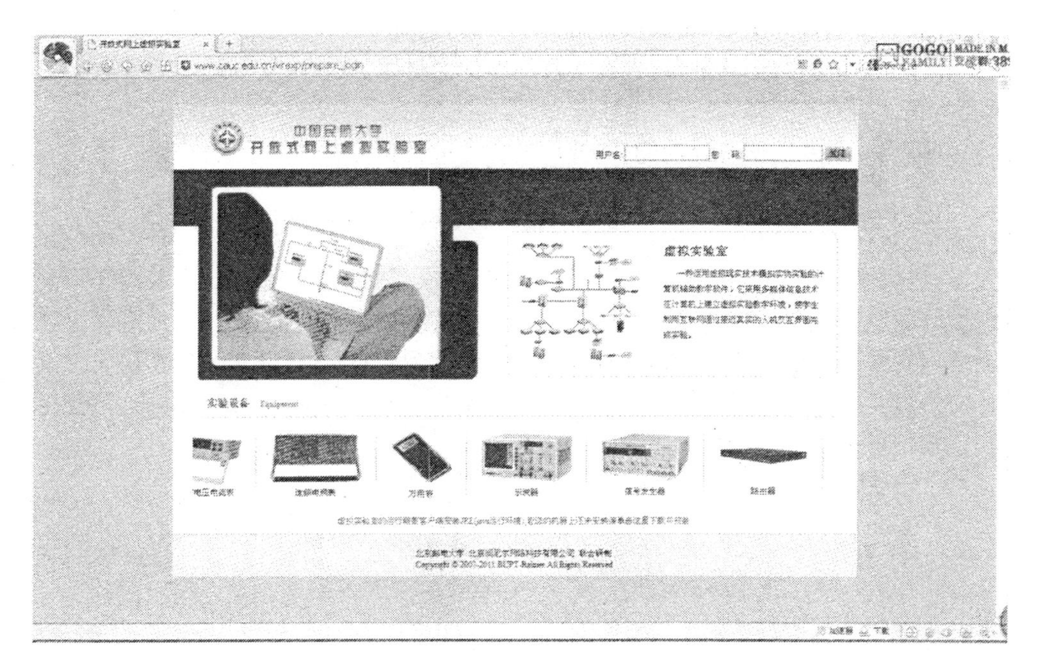

图 4-1　虚拟实验室主页面

二、系统管理员——添加用户

添加分组及用户，或批量导入相应用户，如图 4-2 所示。

三、教务人员——开设课程

1. 教务人员点击添加开课计划，如图 4-3 所示填写相应信息，选择该课是否面向全校选课。若是，则学生需要手动选课，若否，则课程可以直接安排给某一群体的

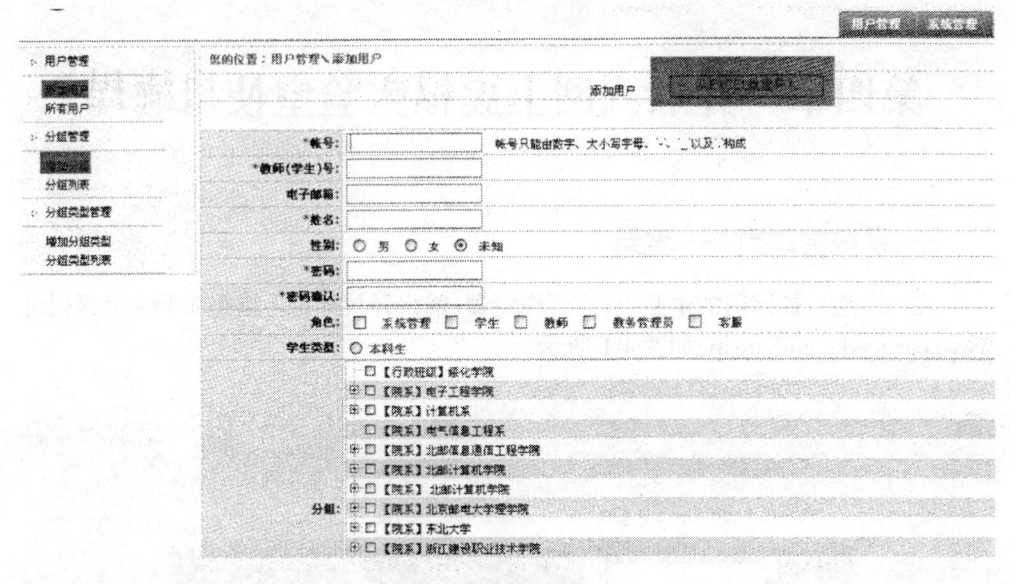

图 4-2　批量导入用户

序号	开课编号	课程代码	课程名称	上课时间	上课地点	任课教师	发布状态	操作
1	2010-201102016	0005	电路分析	星期日第0节至第0节	--	黎山峰	已发布	
2	2010-201102017	0003	模拟电路	星期二第0节至第0节	--	黎山峰	已发布	
3	2010-201102018	0004	数字电路	星期三第0节至第0节	--	黎山峰	已发布	
4	2010-201102019	0006	高频电子线路	星期四第0节至第0节	--	黎山峰	已发布	
5	2010-201102020	0001	计算机网络	星期五第0节至第0节	--	黎山峰	已发布	

图 4-3　添加课程

学生，如图 4-4 所示。

2. 发布开课计划。

3. 如需让学生自己选课，设定选课日期如图 4-5 所示，如不用，跳过此步。

4. 开课审核及发布，如图 4-6 所示。

四、教师——维护典型实验库

1. 选择相应的课程，查询该课程下的典型实验信息如图 4-7 所示，若教师感觉当前实验库中已存在实验项目符合自己的教学要求，可直接跳到步骤五。

2. 若教师觉得实验库中某个实验项目修改后可符合自己的教学要求，可点击“引用”如图 4-8 所示，引用后的实验就成自己负责的典型实验了，随后可以进行修改

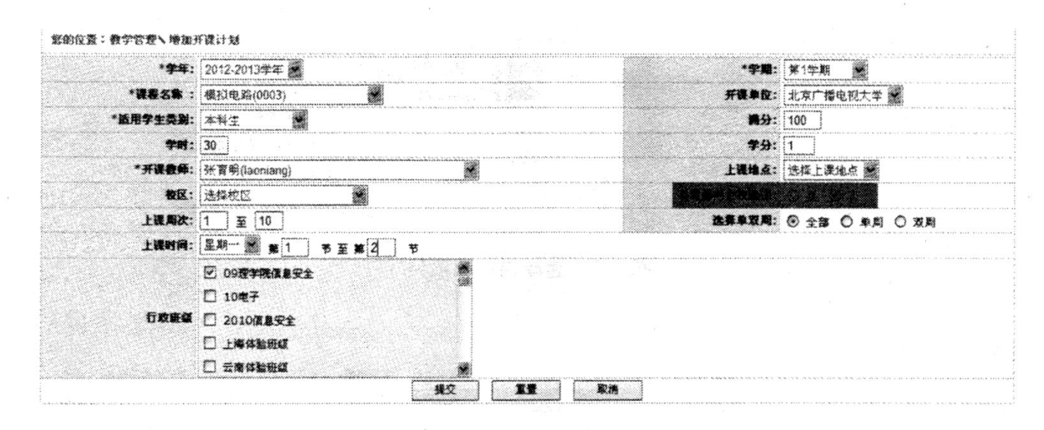

图 4-4　增加开课计划

您的位置：教学管理＼查看选课日期列表

序号	学生类别	开始时间	结束时间	操作
1	本科生	2012-06-07	2013-06-07	

图 4-5　学生自己选课日期设定

您的位置：教学管理＼开课管理＼开课审核

序号	课程名称	开课单位	任课教师	最多选课人数	最少选课人数	实际选课人数	发布状态	操作
1	电路分析	--	黎山峰	--	--	116	已发布	
2	模拟电路	--	黎山峰	--	--	116	已发布	
3	数字电路	--	黎山峰	--	--	116	已发布	
4	高频电子线路	--	黎山峰	--	--	116	已发布	
5	计算机网络	--	黎山峰	--	--	116	已发布	
6	Linux操作系统	--	黎山峰	--	--	116	已发布	
7	信号与系统	--	黎山峰	--	--	116	已发布	
8	电路分析	--	[illegible]	--	--	15	已发布	
9	电路分析	--	文福安	--	--	120	已发布	
10	模拟电路	--	文福安	--	--	120	已发布	
11	数字电路	--	文福安	--	--	120	已发布	
12	高频电子线路	--	文福安	--	--	120	已发布	

图 4-6　开课审核通过并发布

和删除。或者也可以重新点击添加实验，按照要求填写提交后再跳到步骤五。

备注：若需要系统能够自动批改以及智能指导功能，则安排的实验需制定正确答案及确认批改规则和指导规则，系统才能自动批改学生提交的虚拟实验结果，同时智能指导学生的实验过程。在“批改及指导规则”列点击“制定”即可，如图 4-8 所示。

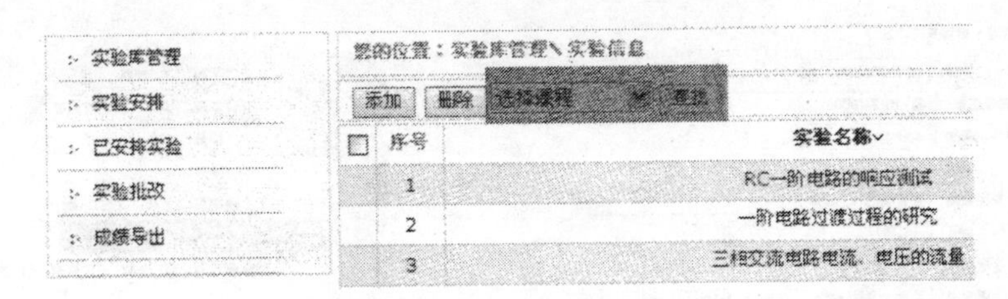

图 4-7　选择课程及项目

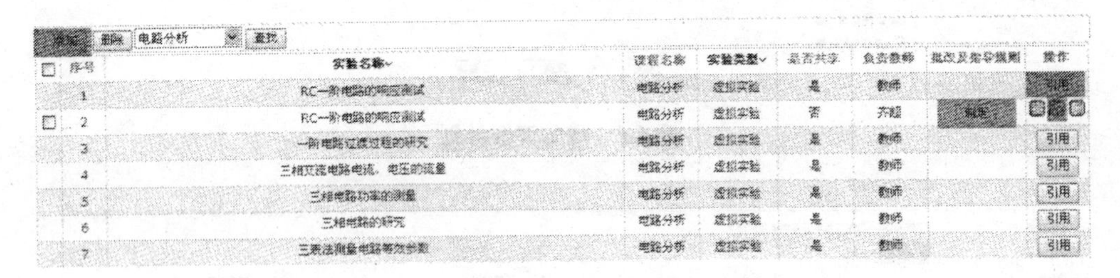

图 4-8　引用实验项目

五、教师——安排实验

点击左边导航栏的“实验安排”,点击相应课程的实验安排,如图 4-9 所示。

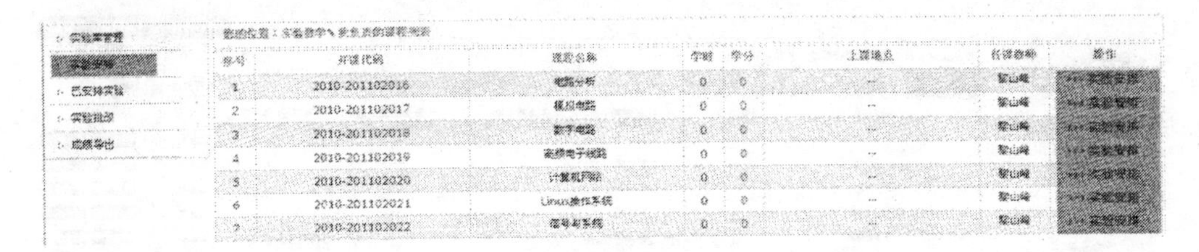

图 4-9　实验安排

选择要布置给学生的实验,设置实验的开始时间和截止时间。如图 4-10 所示点击“安排”即完成了实验的安排。如果要安排多个实验,再重复上述步骤。

六、学生——做虚拟实验

接下来学生输入账号密码即可登录看到老师安排的实验,点击“开始实验”或“继续实验”即可,如图 4-11 所示。

实验过程中若有不懂的地方,可点击实验操作平台上面的“请求指导”按钮如图 4-12 所示。在实验截止时间之前,学生可反复做实验并且提交实验。

图 4-10　设置实验起止时间

序号	实验名称	所属课程	创建教师	实验类型	开始|结束时间	必做/选做	实验成绩	实验状态	操作
1	晶体管共射极单管放大电路	模拟电路	教师	虚拟实验	2011-8-29至2012-9-30 15:24:00	必做实验	未批改	实验中	[illegible]
2	TTL集成逻辑门的性能参数的测试	数字电路	教师	虚拟实验	2011-9-2至2012-9-29 9:20:00	必做实验	未批改	实验中	[illegible]
3	路由器配置实验	计算机网络	教师	虚拟实验	2011-9-2至2012-9-16 9:22:00	必做实验	未批改	实验中	[illegible]
4	线性时不变系统	信号与系统	教师	虚拟实验	2011-9-2至2012-9-30 9:30:00	必做实验	未批改	实验中	[illegible]
5	DHCP服务与配置实验	Linux操作系统	教师	虚拟实验	2011-9-2至2013-9-4 9:30:00	必做实验	未批改	实验中	[illegible]
6	RC正弦波振荡器	高频电子线路	教师	虚拟实验	2011-9-2至2012-9-28 9:30:00	必做实验	未批改	实验中	[illegible]
7	信号发生器与示波器的使用	电路分析	教师	虚拟实验	2011-9-2至2012-9-30 9:31:00	必做实验	未批改	实验中	[illegible]

图 4-11　实验列表

七、教师——批改实验

实验结束后，教师便可点击“实验批改”按钮如图 4-13 所示，查看学生做的实验结果，并且进行相应的批改，然后给出分数。如果是制定了正确答案及批改规则的实验，系统还可以自动对实验给出分数供教师参考。

教师批改完成后，公布成绩。

八、教师——导出成绩

选择相应课程的实验，点击“导出”，即可导出做该实验所有学生的成绩。也可以多选几个实验，将各个实验的成绩相加取平均算做该课程的成绩，如图 4-14 所示。

九、学生——查看成绩及评语

教师发布成绩后，学生可以登录查看单项实验成绩，可以查看教师的批改详情和评语，如图 4-15 所示。

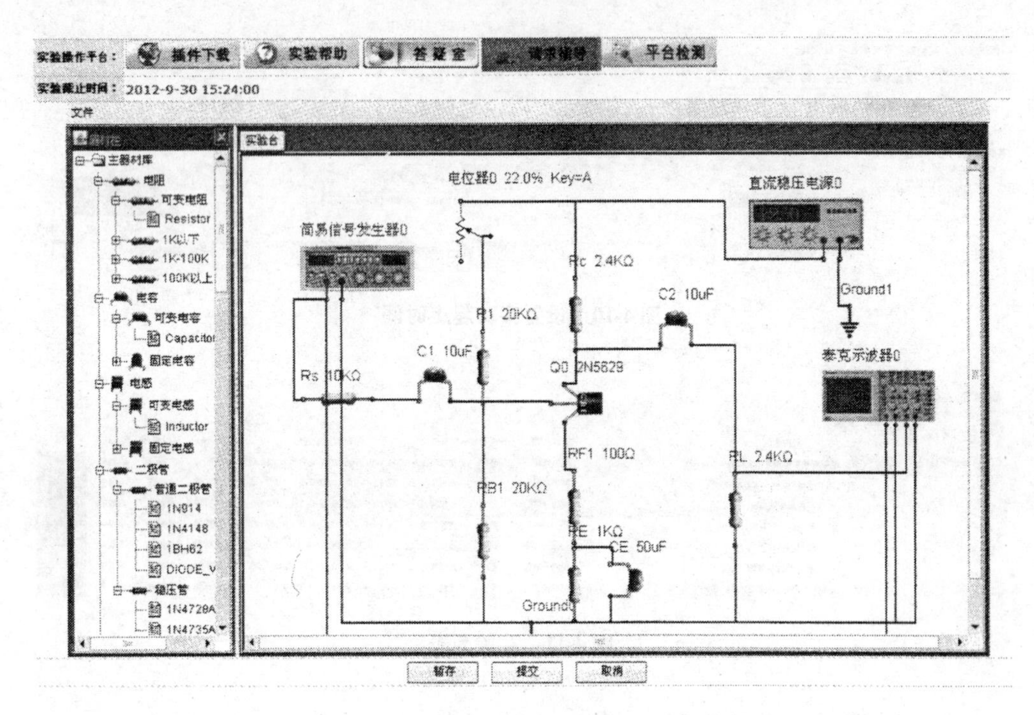

图 4-12 智能指导

您的位置：实验教学\实验批改

开课名称 查找

序号	实验名称	所属课程名称	开课编号	开始|结束时间	实验状态	操作
1	晶体管共射极单管放大电路	模拟电路	2011-201201010	2011-08-29 15:24:08至2011-09-30 15:24:00	实验结束	批改
2	TTL集成逻辑门的性能参数的测试	数字电路	2011-201201011	2011-09-02 09:20:39至2011-09-30 09:20:00	实验结束	批改
3	路由器配置实验	计算机网络	2011-201201008	2011-09-02 09:22:31至2012-09-16 09:22:00	实验中	查看
4	线性时不变系统	信号与系统	2011-201201014	2011-09-02 09:30:03至2012-09-30 09:30:00	实验中	查看
5	DHCP服务与配置实验	Linux操作系统	2011-201201009	2011-09-02 09:30:25至2013-09-04 09:30:00	实验中	查看
6	RC正弦波振荡器	高频电子线路	2011-201201013	2011-09-02 09:30:55至2012-09-28 09:30:00	实验中	查看
7	信号发生器与示波器的使用	电路分析	2011-201201012	2011-09-02 09:31:29至2012-09-30 09:31:00	实验中	查看

图 4-13 实验批改

您的位置：实验管理＼成绩导出

选择开课：开课名称

选择实验：

- 【2011-201201010】晶体管共射极单管放大电路
- 【2011-201201011】TTL集成逻辑门的性能参数的测试
- 【2011-201201008】路由器配置实验
- 【2011-201201014】线性时不变系统
- 【2011-201201009】DHCP服务与配置实验
- 【2011-201201013】RC正弦波振荡器
- 【2011-201201012】信号发生器与示波器的使用

导出

图 4-14　实验成绩导出

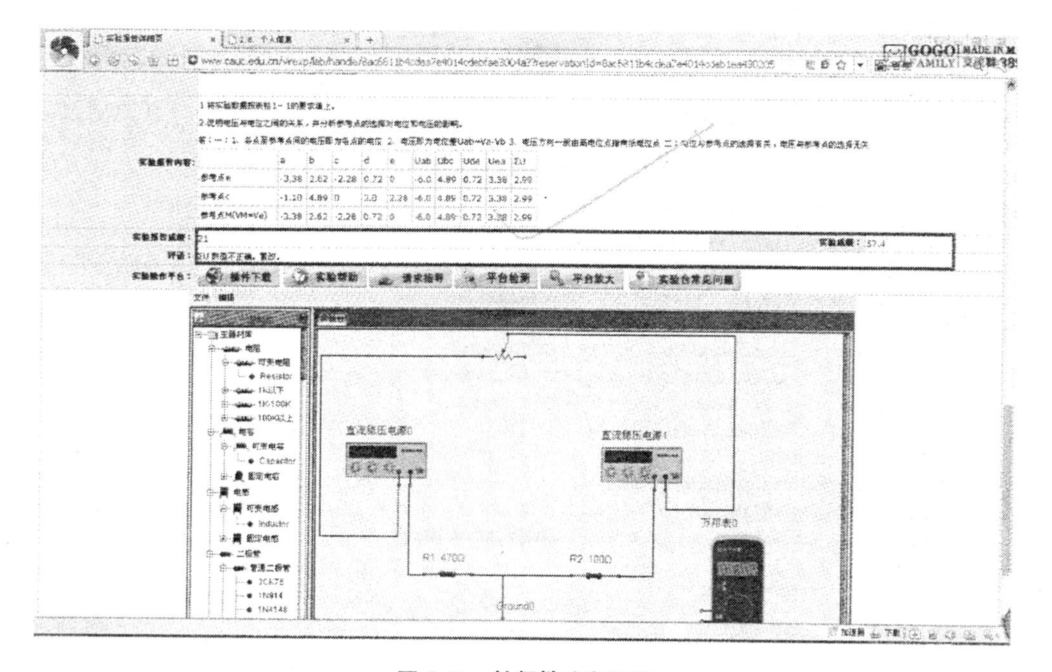

图 4-15　教师批改和评语

第五章　注意事项及常见问题

一、初次使用开放式网上虚拟实验室时，实验台无法显示

虚拟仿真平台可以在任何一台已经连入校园网的电脑上通过浏览器访问，但是由于电路仿真模块基于 JAVA 内核开发，在任何一台电脑上初次使用系统时，需要下载安装 JAVA 插件，并进行相应配置。

没有安装 JAVA 插件时，实验台如下图所示。

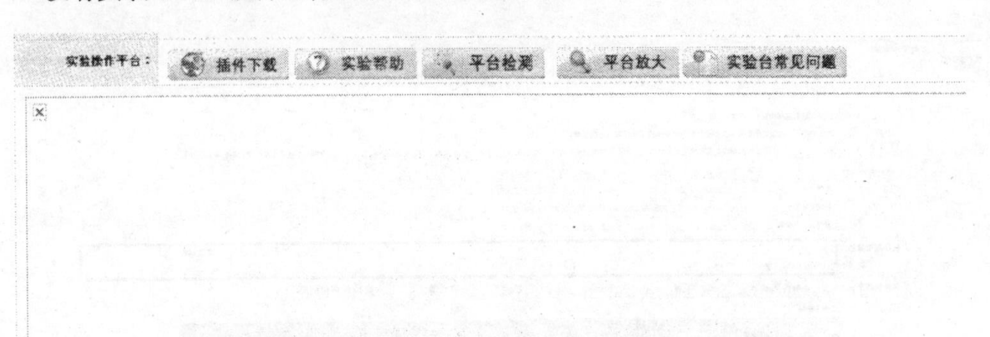

点击插件下载，出现 jre. exe 的下载页面。

下载插件并安装。

安装完成后，点击开始菜单 - > java - > Config java（配置 java），进入 java 控制面板，见左下图。

实验操作平台：
插件下载
实验帮助
平台检测
新建下载任务
网　址：
文件名：
jre.exe
27.69 MB
下载到：
nd Settings\Administrator\My Documents\浏览器下载
浏览...
文件类型：应用程序
C盘剩余空间：7.97 GB
使用迅雷下载
下载并运行
下载
取消

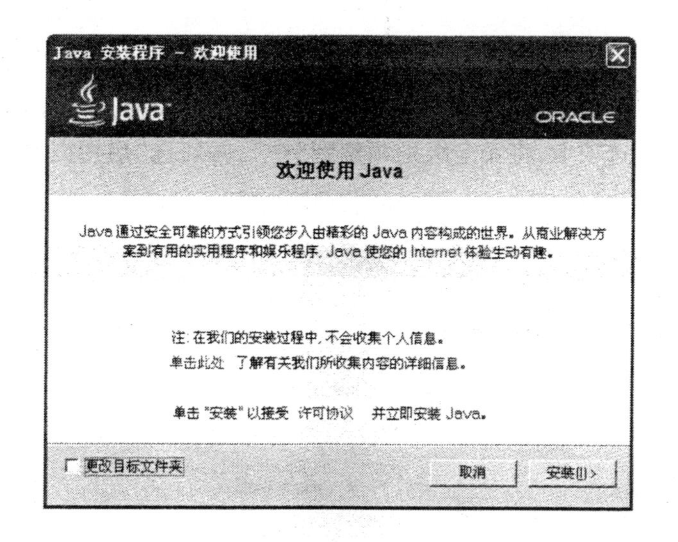
Java 安装程序 – 欢迎使用
Java
ORACLE
欢迎使用 Java
Java 通过安全可靠的方式引领您步入由精彩的 Java 内容构成的世界。从商业解决方案到有用的实用程序和娱乐程序，Java 使您的 Internet 体验生动有趣。
注：在我们的安装过程中，不会收集个人信息。
单击此处 了解有关我们所收集内容的详细信息。
单击"安装"以接受 许可协议 并立即安装 Java。
更改目标文件夹
取消
安装(I) >

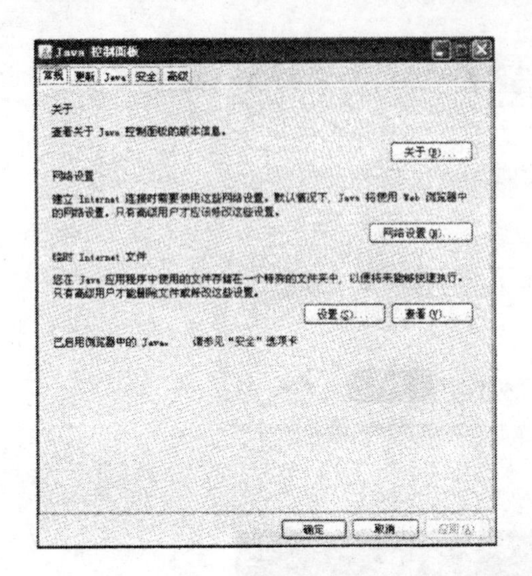

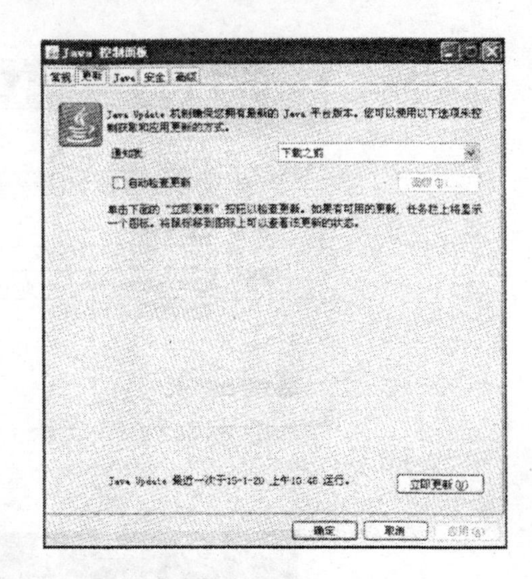

选择"更新"选项卡，确保"自动检查更新"选项未被勾选，见右上图。

选择"安全"选项卡，将安全级别调整到"中"，并勾选"启用浏览器中的 java 内容"选项。

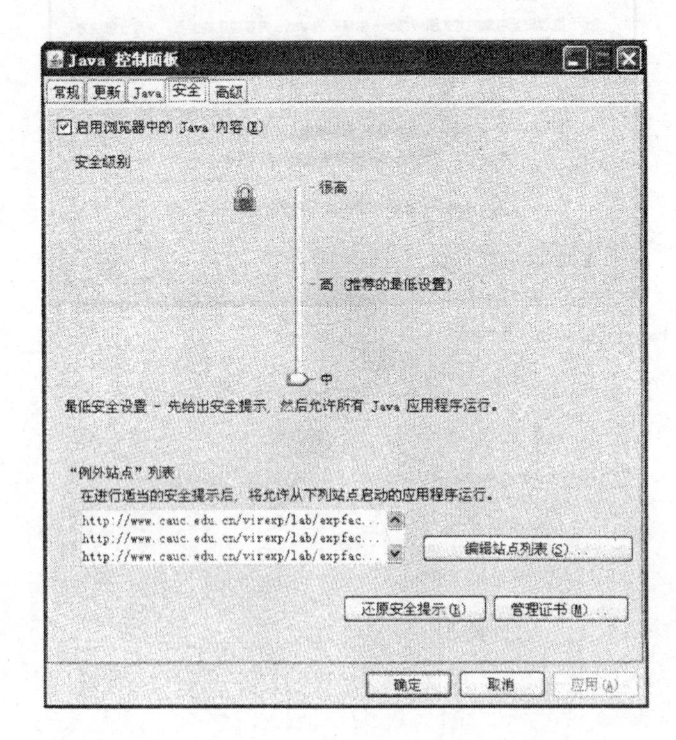

设置完成后，应用确定，刷新浏览器。因为安装的 JAVA 不是最新版本，所以会出现如下提示框。

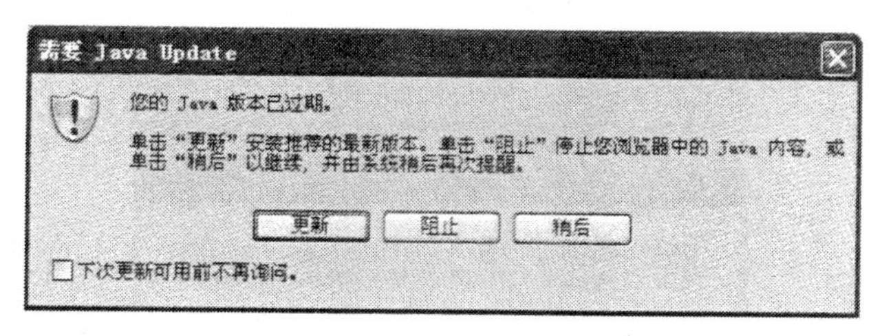

注意：请先点击下面“下次更新可用前不再询问”的选择框，然后点击“稍后”按钮，便可以启用浏览器中的 java 内容，而不会再出现此更新提示框。

刷新或重启浏览器，可能会出现下面的提示框。

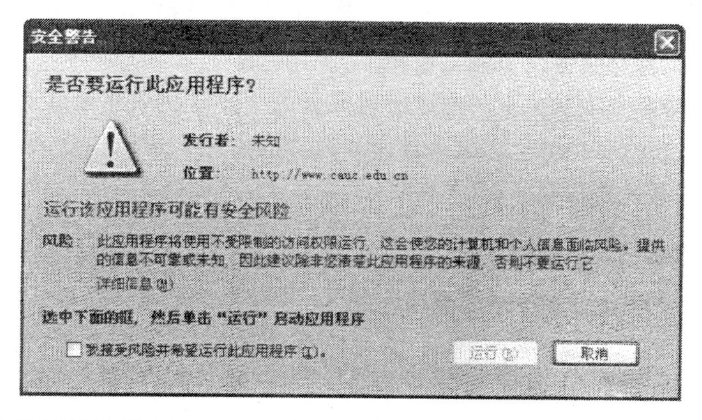

点选“我接受风险并希望运行此应用程序”，点击运行，则实验台可正常显示了。

注意：不要更新 JAVA 插件版本，更高级别的 JAVA 插件将导致实验台不可用。

二、在用搜狗浏览器时，有时会出现如下提示框，同时仪表测量结果均为0.0

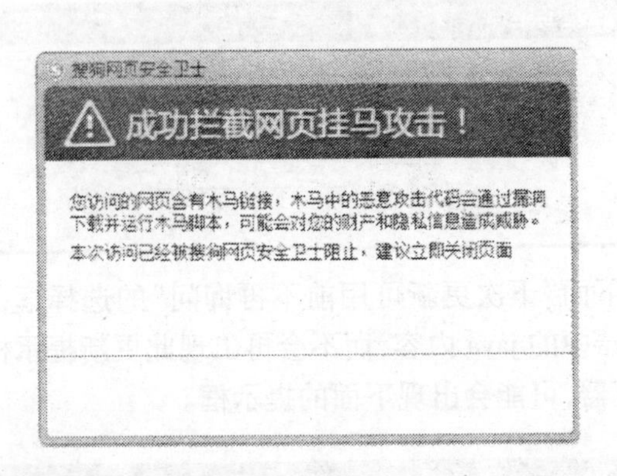

为什么同时仪表测量结果均为0.0？

这是因为搜狗浏览器阻止课程模拟插件调用了本地的文件所导致的，只要关闭搜狗网页安全卫士即可解决，具体步骤如下。

1. 点击搜狗浏览器右上方“工具”

2. 选择“搜狗高速浏览器选项”

3. 在“安全”中关闭搜狗网页安全卫士

三、不属于第2个问题描述的情况，为什么仪表测量结果还是0.0

请检查：

1. 电路中是否有接地点

仿真电路中必须有接地点（参考点）⏚，电路才能正常运算。

2. 电路连接是否正常

请仔细检查每个连接点，确保导线已连接到连接点上。

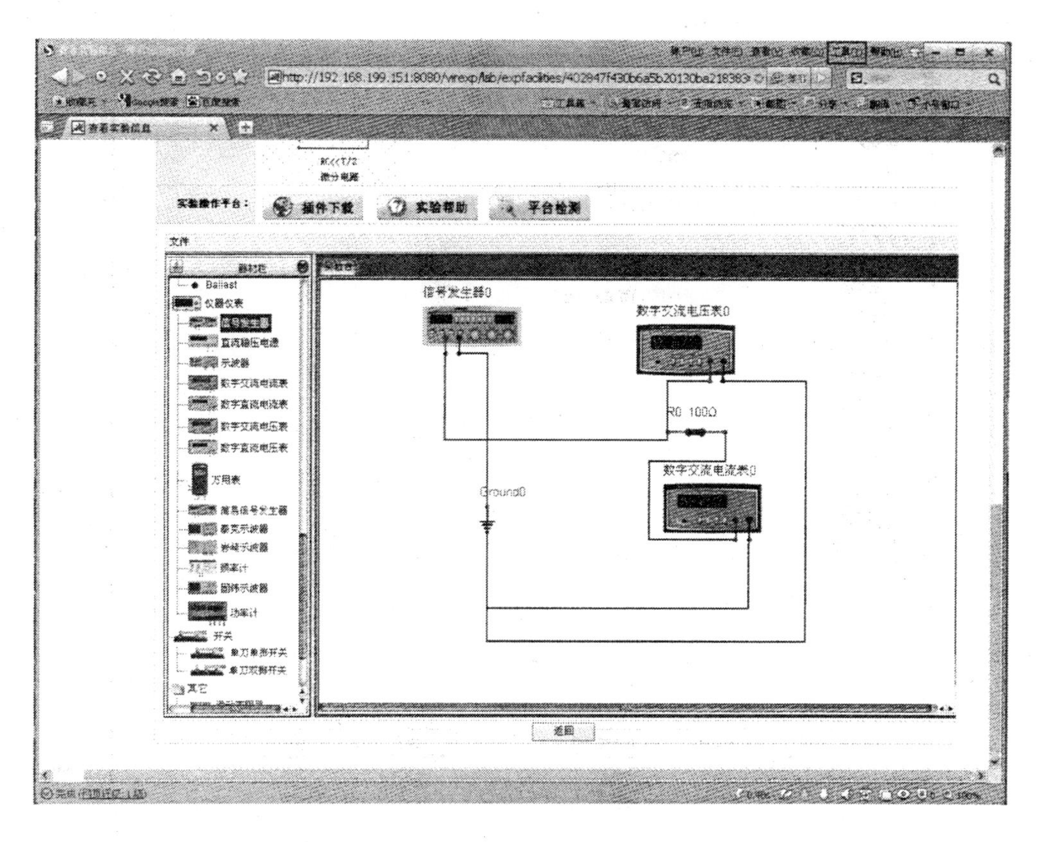
实验操作平台：
插件下载
实验帮助
平台检测
文件
Ballast
仪器仪表
信号发生器
示波器
数字交流电流表
数字直流电流表
数字交流电压表
数字直流电压表
万用表
开关
其它
信号发生器0
数字交流电压表0
R0 100Ω
数字交流电流表0
Ground0
返回

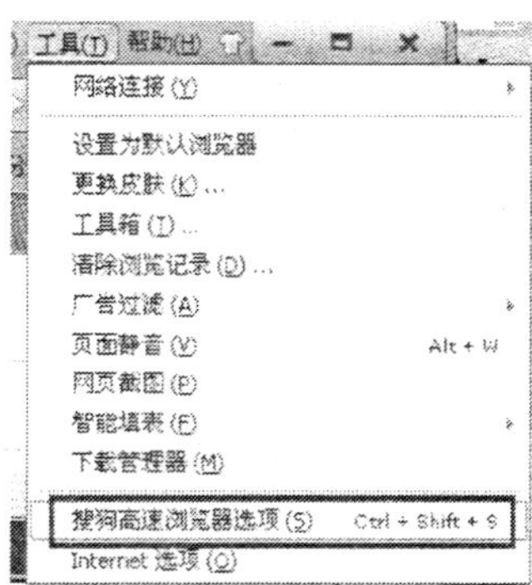
工具(T)
帮助(H)
网络连接(Y)
设置为默认浏览器
更换皮肤(K)...
工具箱(T)...
清除浏览记录(D)...
广告过滤(A)
页面静音(V)
Alt + W
网页截图(P)
智能填表(F)
下载管理器(M)
搜狗高速浏览器选项(S)
Ctrl + Shift + S
Internet 选项(O)

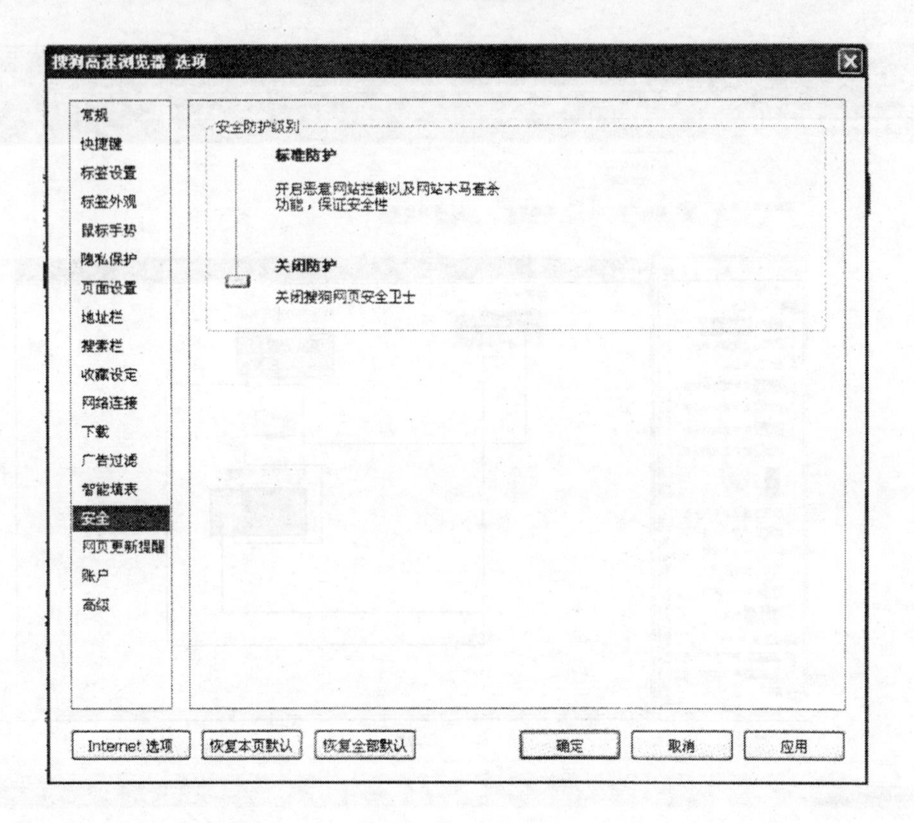
搜狗高速浏览器 选项
常规
快捷键
标签设置
标签外观
鼠标手势
隐私保护
页面设置
地址栏
搜索栏
收藏设定
网络连接
下载
广告过滤
智能填表
安全
网页更新提醒
账户
高级
安全防护级别
标准防护
开启恶意网站拦截以及网站木马查杀功能，保证安全性
关闭防护
关闭搜狗网页安全卫士
Internet 选项
恢复本页默认
恢复全部默认
确定
取消
应用

四、在用火狐浏览器时，试验台有时会出现如下提示框

同时，下载完插件还是同样显示提示框，这是为什么？

这是因为火狐浏览器禁用课程模拟插件所导致的，只要打开火狐浏览器附加组件即可解决，具体步骤如下。

1. 点击搜狗浏览器右上方"工具"

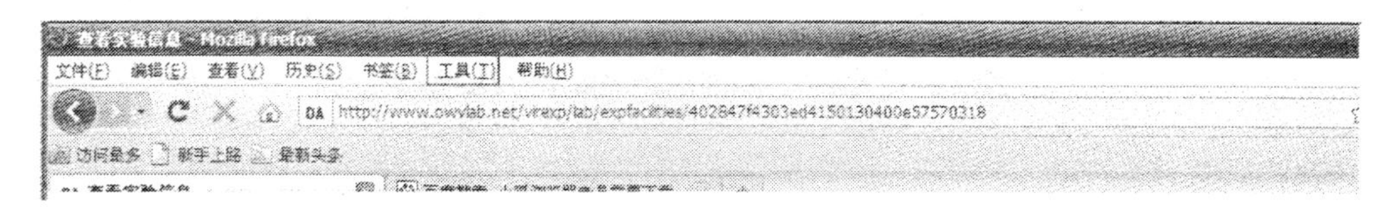

2. 选择"火狐浏览器"附加组件

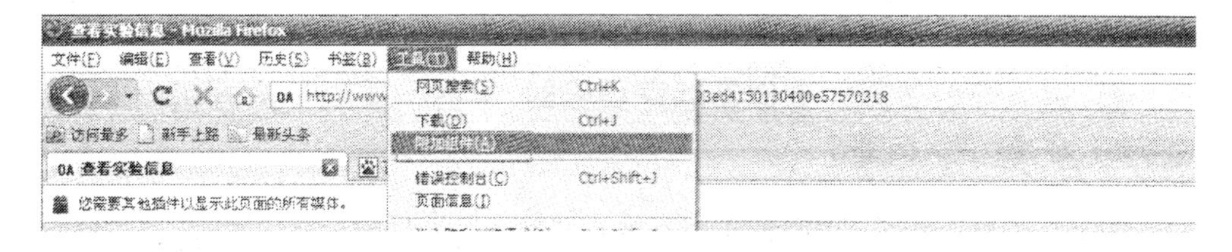

3. 在“插件”中启用 java

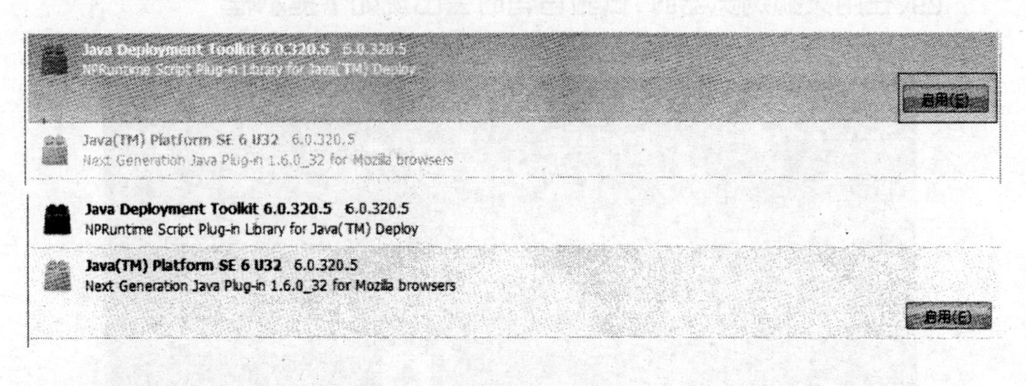

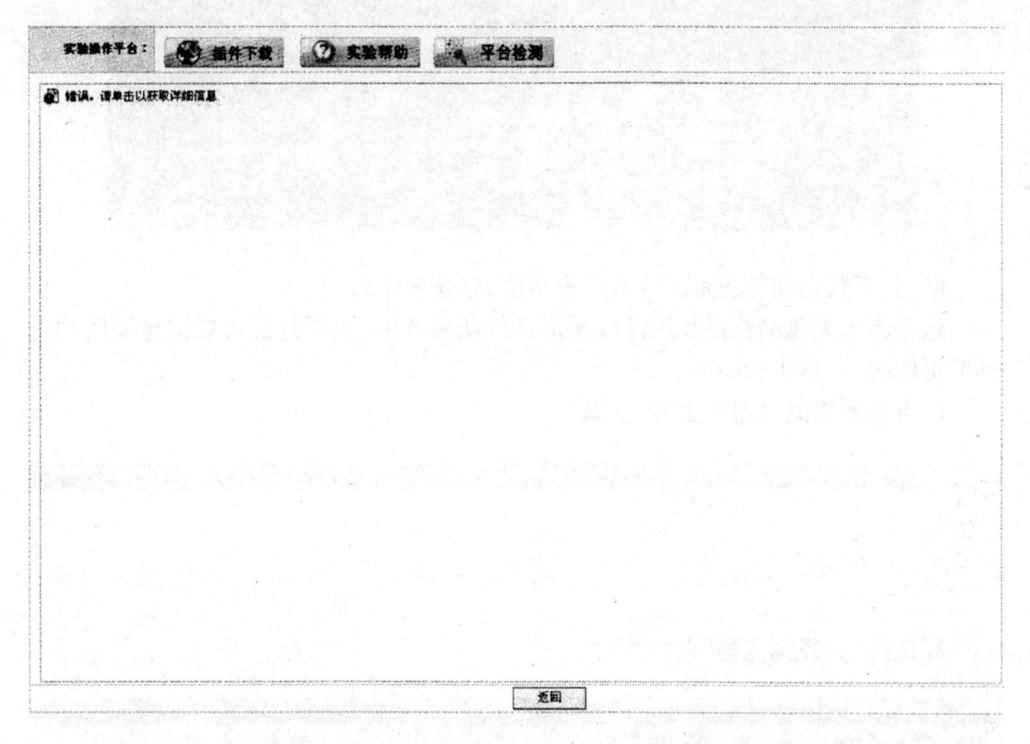

五、进入开放式网上虚拟实验室页面时，平台出现如下页面错误，无法进行实验，是怎么回事？

出现这种情况的原因有可能是因为进入开放式网上虚拟实验室页面，但平台又还没有初始化完成就切换到另外一个页面造成的。具体解决方法是清除 java 缓存即可，清除 java 缓存的方法如下。

步骤一：

在电脑右下角找到 java logo

右键弹出菜单。

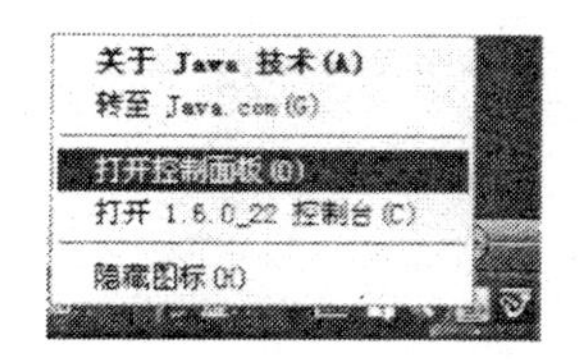

点击打开控制面板，弹出 java 控制面板，进入步骤二。

如果电脑右下角没有 java logo，则按照如下方法操作

找到 Java 的安装目录（默认为 C:\\Program Files\\Java）选择当前使用的 jre 版本，如果用的版本为 jre5 则进入 jre5 文件夹，如果用的版本为 jre6 则进入 jre6 文件夹。在该文件夹下进入 bin 文件夹。双击打开文件 javacpl.exe：

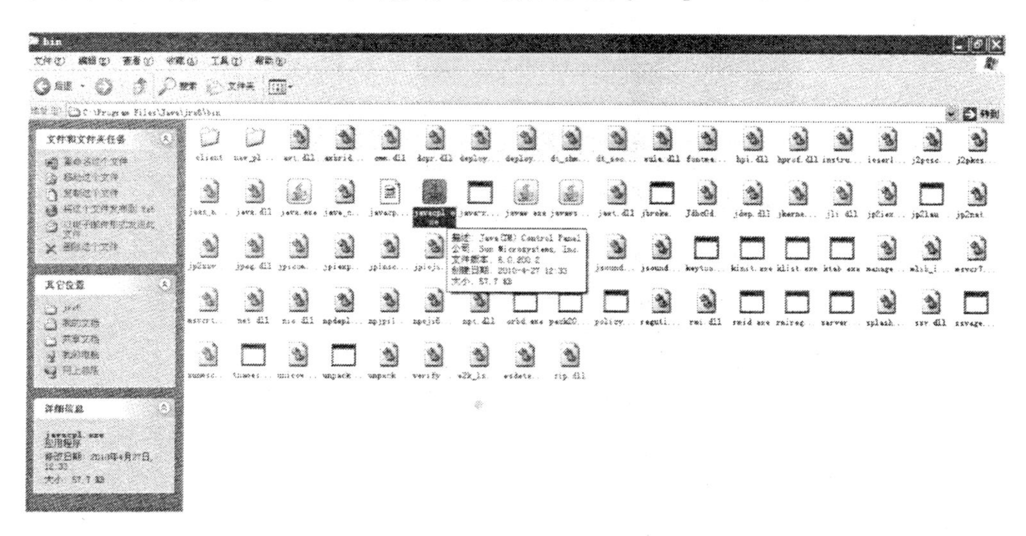

步骤二：

在常规选项中的临时 Internet 文件点击“设置”按钮再点击“删除文件”按钮，删除所有的临时文件。

步骤三：

删除完缓存之后，需要关闭所有浏览器。再次打开浏览器进入虚拟实验系统即可。

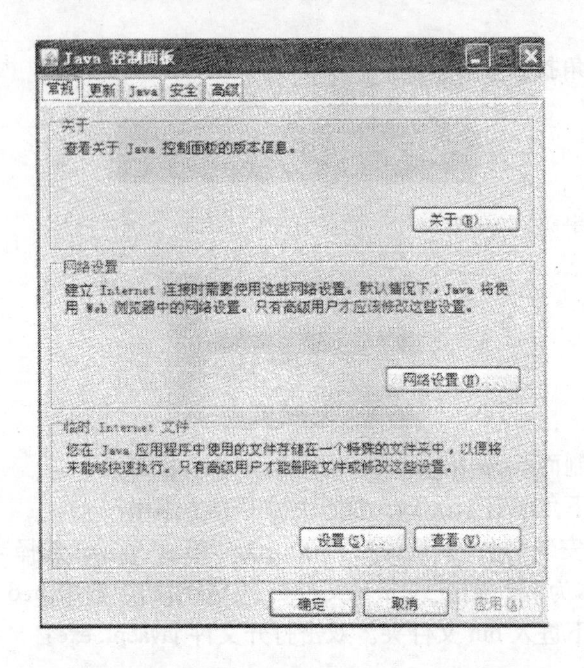

如上述方法仍无法解决,请联系任课老师或系统管理员。

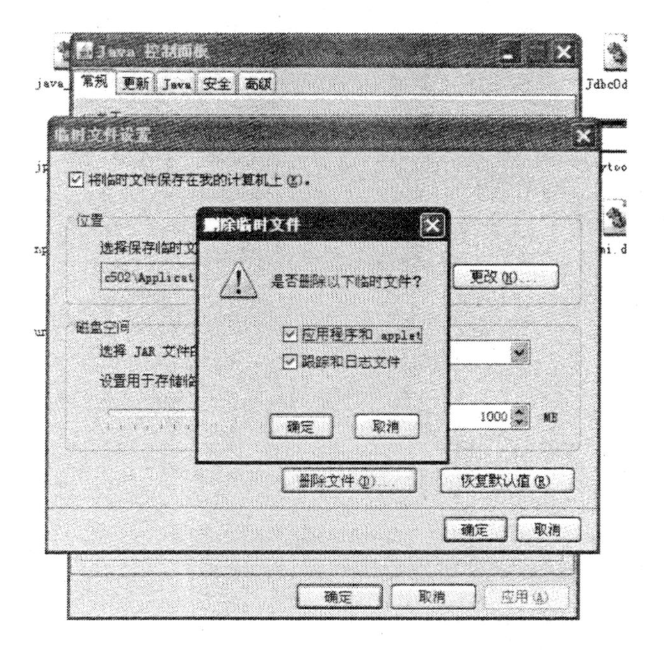
Java 控制面板
常规
更新
Java
安全
高级
临时文件设置
将临时文件保存在我的计算机上
位置
选择保存临时文
更改
磁盘空间
选择 JAR 文件
设置用于存储临
1000
MB
删除临时文件
是否删除以下临时文件？
应用程序和 applet
跟踪和日志文件
确定
取消
删除文件
恢复默认值
确定
取消
确定
取消
应用